“生态文明”经典译丛

伟大的事业

——人类未来之路

[美] 托马斯·贝里（Thomas Berry）◎ 著

王佳音◎ 译

The Great Work:

Our Way into the Future

中山大學出版社
SUN YAT-SEN UNIVERSITY PRESS

·广州·

图书在版编目（CIP）数据

伟大的事业：人类未来之路/（美）托马斯·贝里（Thomas Berry）著；王佳音译.—广州：中山大学出版社，2023.9
（“生态文明”经典译丛）
ISBN 978-7-306-07901-5

Ⅰ.①伟… Ⅱ.①托… ②王… Ⅲ.①生态环境建设—研究—世界 Ⅳ.①X321.1

中国国家版本馆CIP数据核字（2023）第170834号

WEIDA DE SHIYE

出 版 人：王天琪
策划编辑：周 玢
责任编辑：周 玢
封面设计：曾 斌
责任校对：王 璞
责任技编：靳晓虹
出版发行：中山大学出版社
电 话：编辑部 020-84110283，84113349，84111997，84110779
发行部 020-84111998，84111981，84111160
地 址：广州市新港西路135号
邮 编：510275 传 真：020-84036565
网 址：http://www.zsup.com.cn
E-mail:zdcbs@mail.sysu.edu.cn
印 刷 者：广州方迪数字印刷有限公司
规 格：787mm×1092mm 1/32 8.75印张 210千字
版次印次：2023年9月第1版 2023年9月第1次印刷
定 价：39.00元

教育部人文社会科学研究一般项目
“批判话语分析视域下儒学与美国生态哲学思想研究”
（18YJAZH113）资助

献给孩子们
献给所有的孩子们
献给游弋海浪之下的孩子们
献给脚踏沃土肆意奔跑的孩子们
献给草丛树林间花儿一样嬉戏的孩子们
献给所有漫步在旷野土地上的孩子们
也献给插上梦想翅膀翩翩起舞的孩子们
献给人类的孩子们
也献给一同携手步入未来的
生活在充满多样性区域共同体里的孩子们

感谢这些年所有帮助过我的人，
我感念于心。

目录

引言

本书旨在探讨21世纪之初人类在地球这颗星球上的生存状态问题。作为人类的一员，我们应该理解我们身在何处以及何以至此。只有找到这些问题的答案，我们才能肩负起人类的历史使命而前行，构建这颗星球上的人类命运共同体，携手并肩共同努力改善人类的生存状态。

纵观世界，我们似乎热衷于通过加大对科学、技术和经济投入的方式建设一个想象中的精彩世界。然而，在此过程中，我们却恰恰正在给我们赖以生存的世界带来毁灭性的灾难！

也许我们可以从审视地球的奇妙之处和自身当前的生存状态开始，认真思索地球是如何成为宇宙中花园一般美丽宜居的星球的，以及人类在这个花园中扮演了什么样的角色。在通往未来的路途中，北美大陆或许会成为与我们有某种密切关系的同行者。

早期的欧洲移民在北美大陆竭尽全力所做出的最基本但也是最具破坏性的事情就是将这片大陆塑造成为人类所用的大陆。人类改造自然的雄心和大自然无限的让步使我们懂得，人类共同体和地球上各种形式的生命应该成为命运与共的整体。人类应该与这片大陆上的其他物种建立合作共存关系，更应该与这个宏大的地球共同体形成互惠互利的共生关系。所幸，人类对此已经做出了批判性的思考，而且已掌握了能够维持这种关系的技术。我们也应该清楚地认识到，人类的技术发展水平应时刻与这颗星球自身的持续更新相匹配。

在完成这项任务的过程中不可或缺的一个因素就是北美大陆的土著居民的指导和帮助，他们生于斯、长于斯，没有人比他们更了解这片土地，更了解人类与北美大陆和整个自然界的和谐统一的关系。早期的人类密切关注神与人的关系，近几个世纪以来，人类开始注意人类内部的关系。我们逐渐意识到，未来的命运取决于人类如何处理自己和地球的关系。

在所有具备带领我们步入人类可持续生存未来的能力的机构中，大学因其教授能够影响人类生存的各种专业技能而无疑具有特殊的地位。近几个世纪以来，大学一直致力于通过科学、工程、法律、教育以及经济等专业教育对地球进行持续的开发。而在文学、诗歌、音乐、艺术，间或在宗教和生命科学领域，自然界能更充分地得到其应有的待遇——关注和尊重。

我们的教育机构应该视自身目标为引领学生与地球建立亲密共生的关系而不是培训学生如何高效开发利用地球的资源。地球，这个我们生于斯、长于斯，与之同呼吸共命运的星球，给予了人类无数的生命奇迹，更给予了人类宝贵的生存机会。在这样的大背景下，我们应该认真思考如何通过知识、政治和经济的力量去完成人类当前必须面对的历史使命——建立一个地球与人类未来的命运共同体。

在创造某些有重要意义的作品时，艺术家应首先去体验生活，以获取一些如梦幻意识一般但却会在艺术家的创作过程中逐渐变得明晰起来的经历。因此，我们应该首先对未来充满最美好的期待，期许未来能够为我们在目前正在发生的人类命运大变革中留有一席之地，而这样一个令我们心驰神往的事物，它的名字是“生态纪”①。人类与地球在生态纪元有望真正成为互相扶持的命运共同体。

人类未来存在的前提是我们真切而深刻地认识到宇宙是由主体与大自然的融合构成的，而不是由可利用的客体构成的。虽然“利用”和“被利用”是人类与地球的主要关系，但是正因如此，这种关系才应该被消除。尽管人们的衣食住行等生存问题仍然存有争议，但这些问题的解决依赖于人类与大自然相互扶持的能力。毕竟，一旦大自然的自然生态系统停止工作，那么人类所有的科学技术和社会机构都将无法运转。

人类对地球的神奇与美丽的欣赏以及对其意义的深刻理解是人类与地球建立亲密关系的关键所在。只有在充分尊重这颗星球上的所有生命形式多样性的前提下，人类自身才能够得到充分的发展。

---

① “Ecozoic”是托马斯·贝里的独创术语，由“eco-”和“-zoic”构成，意为生态纪、生态纪元或生态生代，与“Paleozoic”（古生代）、“Mesozoic”（中生代）、“Cenozoic”（新生代）相对。本术语翻译借鉴了《儒学与托马斯·贝里生态哲学思想研究——批评话语分析视角》一文中的相应译法，该文由吉林大学杨梅教授撰写，于2018年发表于《话语研究论丛》，且术语译文借鉴已得到杨梅教授许可，特此致谢。——译者注

只有与地球建立亲密关系，人类的外在身体和内在心灵才能够得到充分的滋养，否则将注定一无所获。我们所深刻理解并为之奋斗的是一个充满挑战性的未来，而这个未来，早在 21 世纪之初就已将前景呈现在人类面前。

第 1 章
伟大事业

那些构成人类历史至关重要的部分的运动，将人类的冒险行为与宇宙命运关联起来，从而赋予了生命形式和内涵。从事这样的运动便成为一个民族的“伟大事业”。人类历史上有无数这样的“伟大事业”：古希腊对于人类意志和创造力的西方人本主义传统的理解，古以色列（希伯来）对于神在人类活动中的新经历所进行的阐述，古罗马汇聚地中海世界和西欧的民族并建立井然有序的相互融合关系。[①] 因此，在中世纪，西方世界的基督教形式就已略见雏形。一座又一座高耸入云的中世纪大教堂矗立在古老的法兰西帝国的土地上，成了这个“伟大事业”的象征。在这里，神与人以一种庄严肃穆的方式坦诚相见。

在印度，“伟大事业”是将人类的思想带入时间和永恒的精神层面，并将二者以独特的表达形式相融合。中国的“伟大事

① “古以色列（希伯来）”“古罗马”中的“古”字为译者根据语意所加，原文中只有“古希腊”明确给出了“classical”。——译者注

业”则创造了迄今为止我们所知的最优雅且最人性化的人类文明之一。在美洲，拓荒者[①]的“伟大事业”在于占据这片大陆的同时与使这片大陆存在的宏大力量亲密和谐地相处。他们通过诸如易洛魁人[②]盛大的感恩节仪式，大平原印第安人[③]的汗蒸屋和幻视追踪[④]仪式，纳瓦霍人[⑤]的颂歌仪式，以及霍皮族人的卡其纳敬畏神灵仪式[⑥]，完成了“伟大事业”。这些仪式庆典以及这片大陆上土著文化的其他方面，使他们建立了人类与其在地球上生存的更大背景和谐共处且融为一体的模式。

虽然人类在完成这些“伟大事业”的过程中做出了卓越的贡献，取得了重要的成就，但是这些贡献却是有限的，并且深深地烙上了人类自身局限性所带来的缺陷和不完美。在北美，带着惨痛和对未来悲观的预感，我们开始意识到，无论初衷如何高尚，欧洲人对这片大陆的占领过程和手段都是有争议的。从占领之初，他们便攻击土著居民，掠夺其土地。而这种占领所造成的

---

① 此处原文为“the First Peoples”，指第一批、最初开垦这片土地的原住民，故此处译为“拓荒者”，全书同。——译者注

② 易洛魁人（Iroquois），北美印第安人。——译者注

③ 大平原印第安人（the Plains Indians）指位于美国大平原和加拿大南部地区的印第安部落。——译者注

④ “sweat lodge”译作“汗蒸屋”，“vision quest”译作“幻视追踪”，皆为印第安宗教仪式。——译者注

⑤ 纳瓦霍人（Navaho），北美印第安人，亦为电影《风语者》（*Windtalkers*）中人物的原型。——译者注

⑥ 卡其纳（Katsina），西班牙语为“Kachina”，霍皮人（Hopis）的一种敬畏神灵的宗教仪式，包括物质世界的精神化或神灵、仪式上扮演神灵的人和一种小卡其纳娃娃三种形式。——译者注

最深远的影响是为这些来自欧洲的定居者[①]建立了个人权利、共同参与管理和宗教自由的意识。

欧洲人的占领带来了科学角度的洞察力和科学技术的进步，在一定程度上减少了疾病和贫穷，但这种进步也伴随着对这片大陆自然生态的荼毒，自然生态的发展变得紊乱甚至出现倒退，原住民的生活受到压迫，甚至被传染上了以前他们从未听说的疾病，如天花、肺结核、白喉和麻疹。尽管欧洲人已经对这些疾病产生了一定的免疫力，但对于从未见识过这些疾病因而根本没有免疫力的印第安人来说，这些疾病仍然是致命的。

与此同时，欧洲人致力于建立一个主宰人类意识的新工业时代。人类在科学、技术、工业、商业和金融领域取得的新成就确实带领人类共同体进入了一个新时代。然而，在这一新的历史时期，人们只看到了那些成就光鲜的一面，却对于他们自己在这片大陆上乃至这颗星球上的倒行逆施所带来的毁灭性影响一无所知，而这样的影响最终会导致人类与大自然的关系陷入绝境。人类对于工商业的痴迷扰乱了这片大陆的自然生态系统，其严重程度在人类发展历史进程中是空前的。

当人类步入新的千年[②]，人类的“伟大事业”应由人类对地球“焚林而田、竭泽而渔”式的过度开发向人类与地球互惠互利的关系过渡。这样的历史变革自 6700 万年前恐龙灭绝并开启

① 原文为“the settler”，结合上下文，此处意为殖民者，而非普通意义上的定居者，全书同。——译者注

② 本书英文原版出版于 1999 年，新千年指当时即将到来的 2000 年，也称千禧年。——译者注

了一个新的生态纪至今都是空前的，并且无论是相较于从古罗马向中世纪的过渡期，还是从中世纪向现代的过渡期，意义都更加深远。所以，我们必须清醒地认识到，这颗星球的生态系统和功能运转在一定程度上仍然处于无序混乱的阶段。

大约一万年前，人类开始在村庄定居，从事农业和畜牧业，同时也开始给地球的生态系统增加负担。当时的大自然土地肥沃、资源丰盛，能够承受人类对其的开发利用；人的数量也不多，而且人类干扰生态系统的能力有限。因此，这些负担在某种程度上是可控的。而近几个世纪以来，在西方世界的引领下，主要借助于北美各民族的资源、意志力和创造力，工业文明诞生了。工业社会对于地球的开发是不遗余力的最深层的掠夺，对地球的地质结构、化学成分构成以及广袤陆地甚至是海洋中的生命形态都产生了巨大影响。

地球每年约有250亿吨地表土壤流失，这对人类未来的食物供应造成了不可估量的负面影响。工厂的捕捞船使用长达20～30英里①且宽20英尺②的流网③进行海上作业，使得一些极为丰富的海洋资源由于商业捕捞而几近枯竭，再加上地球南部雨林的消失，我们会发现每年都有大量的物种灭绝。人类对地球生态造成的破坏还有很多，如将河流作为排污系统、燃烧化石燃料造成大气污染以及使用核能源产生放射性核废料造成核污染。所有对

---

① 1英里=1.609344千米。——译者注

② 1英尺=0.3048米。——译者注

③ 流网，渔网的一种，由数十至数百片网连接成长带形放在水中直立呈墙状，随水流飘移，把游动的鱼挂住或缠住，用来捕各种水层的鱼类。使用流网会导致海洋生物不论大小都被一网打尽，对海洋生物的破坏性很大。——译者注

地球生态的严重干扰几乎都导致了地球新生代的终结。自然选择不再像过去一样正常发挥作用，文化选择现在决定着地球生态系统的未来。

造成当前这种破坏最深层的原因是一种意识模式，这种意识模式从根本上导致了人类和其他生命形式关系的断裂，并把所有权利赋予了人类，其他非人类的生命形式则完全不掌握任何权利，而它们现实存在的价值只有通过人类的开发和利用才能显现出来。在这样的背景下，非人类的生命形式极易受到人类的利用，只有任人类宰割。这种观念是控制人类领地的四大实体——政府、公司、大学和宗教机构（分别代表政治、经济、知识和宗教）所共有的。这四大实体自觉地或不自觉地从根本上造成了人类这种生命形式和非人类的生命形式之间的分化和割裂。

实际上，地球上只有一个统一的完整的包括所有人类和非人类成员的地球共同体。在这个共同体中，每个生命体都有自己的使命要履行，有自己的尊严和内在的本能。每个生命体都要发出自己的声音，都对整个宇宙有强烈的归属感，都处在与其他生命体共存的状态中。这种与其他生命体建立联系、同存共生、自主行动的能力是全宇宙每个生命体所共有的。

因此，每个生命体都有被认可和被尊重的权利。树木有树木的权利，昆虫有昆虫的权利，河流有河流的权利，宇宙中的每个生命体都有自己的权利。所有的权利都是有限的和相对的，人类的权利亦如此。作为人类，我们拥有衣食住行的权利，但我们没有权利去剥夺其他物种为了正常生活而选择合适栖息地的自由，没有权利干涉它们的迁徙路线，没有权利干扰我们这颗星球的生物系统基本功能的正常运转，也没有权利完全占有地球或以任何一种绝对的方式占有地球的某个区域。我们拥有财富是为了让财富得到合理的规划，为了让更大的共同体受益，而不仅仅是让我们自己受益。

在过去的几个世纪中，我们一直认为大陆主要应该为人类所用，这种意识一直在得到强化。直至20世纪末期，我们发现已经有超过95%的原始森林被砍伐殆尽。随着19世纪后半叶新技术的发展以及20世纪早期汽车工业的兴起，工业化进程对大自然的破坏达到了前所未有的程度。行车道、超级高速公路、停车场、购物中心、商业区和住宅区的伸展覆盖呈铺天盖地之势，郊区成了美好生活的标配。此时也正是自然流淌的河流数量开始减少的时候，数条大坝建在科罗拉多河、斯内克河[①]上，甚至横亘于哥伦比亚河上。

当然，这也是抵制开始的时刻。人类寻求在文化传统中的真正的发展，这样的追求使这片大陆日益增加的自然生态系统威胁唤醒了人们对自然界的敬畏感。这全新的自然生态观始于19世纪，代表人物有亨利·戴维·梭罗（Henry David Thoreau）、约翰·缪尔（John Muir）、约翰·伯勒斯（John Burroughs）和乔治·珀金·马什（George Perkin Marsh）；还有约翰·韦斯利·鲍威尔（John Wesley Powell）和弗雷德里克·劳·奥姆斯泰德（Frederick Law Olmstead）；还有艺术家们，尤其是哈德逊河画派的托马斯·科尔（Thomas Cole）、弗雷德里克·埃德温·彻奇（Frederick Edwin Church）和阿尔伯特·比尔施塔特（Albert

---

① Snake River，斯内克河，又译“蛇河”，是美国哥伦比亚河最大的支流。——译者注

Bierstadt）。

在自然主义者和艺术家的作品中，还增加了政治领域的自然环境保护主义者的作品。1872 年，这些引领者对黄石国家公园实施保护措施，建立了地球上第一个被正式永久保留的荒野公园。随后，纽约州于 1885 年建立了阿迪朗达克森林保护区，并将永远保持其原始荒野生态。1890 年，约塞米蒂国家公园在加利福尼亚州建立，与之同时成立的还有一个志愿者协会，致力于促进人们对自然界的深刻认识。1886 年，奥杜邦协会成立，主要关注各种鸟类。创建于 1892 年的塞拉俱乐部与创建于 1924 年的荒野保护协会都试图在人类共同体与自然野生世界之间建立更亲密的关系。

各种各样的社会群体开启了保护自然的时代。对于那些生活在 19 世纪的人们来说，他们无法得知其他更广泛的范围内正在发生的事情。他们无法预见石油工业、汽车时代、河流大坝的出现，以及海洋资源的枯竭和放射性垃圾的堆放。但是他们知道有些事情错了，而且是大错特错。例如，当得知赫奇 - 赫奇山谷即将被围建水坝为旧金山市取水所用时，约翰·缪尔深感不安。他认为这是对自然界中最神圣的并且承载着人类灵魂对于情感、想象和知识的最深需求的圣地的毫无意义的破坏。他写道："赫奇 - 赫奇大坝！当人类的大教堂和礼拜堂有了水箱式建筑精良的大坝，世上再无更圣洁的庙宇能够被人类的心灵圣化。"（Teale, p. 320）

整个 20 世纪，人类为了蝇头小利肆意攫取这颗星球的资源，导致生态状况年复一年地恶化。跨国公司联合起来因而形成了小集团垄断大资源的地球生态现象。一些跨国公司的资产开始呈指数级别增长。现在，在20世纪即将结束的时候，为了生存在下一个世纪的一代，我们必须更加重视自身所要承担的责任。

也许我们能够为子孙后代提供的最有价值的遗产是培养一个立志成就一番“伟大事业”的观念，我们的后代所要面对的这番“伟大事业”要求人类停止对地球资源的毁灭性攫取，致力于使地球自然而然地发展成为宜人可居的星球。我们应该给后代一些指导以说明如何高效地完成这项“伟大事业”。一个历史时代的成败在于处于这个历史时代的人是否完成了这个时代所赋予他们的特定的历史使命。没有一个时代可以孤立发展，每个时代都承载了上一个时代的遗产。我们刚刚证明了，那些我们曾经认为不会受任何影响的多样物种、山川河流，甚至广阔的海洋，将来只能在残缺的状态下存续。

我们面前的“伟大事业”，这份将现代工业文明向自然生态文明转化的事业并不是我们自由选择的结果。这是历史赋予我们的生来就要面对的使命，历史化为一股我们无法抗拒的力量，将这份使命置于我们的双肩。我们并没有选择什么时候出生、谁来做我们的父母，也没有选择出生的特殊文化或历史时刻。我们没有选择我们生活环境所处的意识形态、政治或经济状况。我们在没有任何个人选择的情况下开始了自我挑战的人生。然而，我们生命的价值在于如何完成我们所逐渐领悟到的历史使命。

我们必须相信，那些赋予我们历史使命的力量同时也赋予了我们完成这项历史使命的能力。我们必须相信，赐予我们生命的力量同时也在照顾指引着我们。

我们要传递给孩子们的任务是完成从新生代末期到新兴的生态纪的转变。在新兴的生态纪，人类作为丰富多样的地球共同体的一员而存在。这就是我们的“伟大事业”，也是我们子孙后代的事业，正如 12 世纪和 13 世纪的欧洲人被赋予的那个角色：历经从 6 世纪到 11 世纪的漫长的困斗时期，建立起新文化时代。彼时，古典时代的繁华已落幕，欧洲的城市业已衰败，生活的物质和文化层面都呈现出城堡和修道院所营造出来的欧洲庄园时期的特点。

9—10 世纪，诺曼人从北部入侵欧洲的新生文化，马扎尔人从东部进入，穆斯林则在西班牙推进。重重围困之下，西方文明囿于一隅。为了应对这种威胁，11 世纪末的中世纪欧洲联合欧洲各国开启了十字军东征，并在长达两个世纪的时间里东征耶路撒冷，征服圣地。

这一历史时期可被视为欧洲各国追求在宗教、文化、政治和经济方面征服世界的历史起源。这场运动贯穿人类发现和掌控地球的整个阶段，而且一直持续到我们这个时代，此时西方势力已经达到了登峰造极的程度：政治上以联合国为代表，经济上有世界银行、国际货币基金组织、世界贸易组织和世界可持续发展商会。我们甚至可以将这种西方以各种形式进行无限制的统治的趋势解释为源于人类对自然界的统治欲望。

然而，13 世纪最直接的成就是西方文明的第一次融合，即在艺术、建筑、思辨思维和文学上都取得了全新的、令人目不暇接的成就。中世纪的大教堂耸峙林立，成为具有创新性的建筑。文明历史进程中难得一见的珍贵时刻出现在这些凸显了艺术的大胆创新和精致的高耸入云的建筑上；出现在方济各时期，阿西西的这个可怜的人在西方文明中创立了脱离世俗的精神理想以及与大自然的亲密关系；也出现在托马斯·阿奎那（Thomas Aquinas）时期，他在中世纪基督教的宇宙学中开启了亚里士多德研究。在此背景下，托马斯重新阐释了西方神学思想的整个理论体系。正如哲学家阿尔弗雷德·诺斯·怀特海（Alfred North Whitehead）所指出的，正是在这个时期，西方思想开始具备敏锐的批判思维并开启了理性思维才使得我们现代科学思想进程的发展成为可能。在文学领域，14 世纪早期无与伦比的但丁创作了《神曲》，而乔托（Giotto）早已与契马部埃（Cimabue）合力开启了意大利绘画的伟大时代。

从西方文明的角度回顾这些塑造性力量的重要性原因在于，其是对 6—11 世纪欧洲黑暗时代的审视。我们要清醒地意识到，这段时期以及历史上其他的黑暗时期从某种层面上来看是激发创造力的时期，新思想、新艺术和新制度在最本质的层面上变成现实。正如中世纪的辉煌文明起源于那些早期的黑暗，我们也可以回想中国的历史时期。公元 3 世纪，从西北开始的部落入侵摧毁了汉朝的统治并使中国陷入了长达几个世纪的分裂状态。而这个时期也正是佛教僧侣、儒学和艺术家们从人类意识最深层次发表新见解和新思想的时期。信奉道家和儒家学说的学者们启发了 8 世纪唐朝的文人墨客，如李白、杜甫和白居易。唐朝之后，10—14 世纪的宋朝涌现出中国传统文化的诠释者周敦颐和朱熹。12 世纪的艺术家马远和夏圭以及诗人苏东坡使中国文化历史创新时期得以完整呈现。

虽然我们现在所处的历史时期是欧洲或亚洲任何一个历史时期都无可比拟的，但我们必须承认，即使到了 21 世纪的早期，我们仍然经历着历史生存条件的威胁。对于过去那些人来说，他们在努力解决人类生存模式对人类适应自然的干扰。他们并不是在解决这种混乱问题甚至终结一个支配了地球6700万年运转的地质生物时期，也不是在解决任何如空气、水和土壤中的有毒物质问题或散播整颗星球的大量化学物质问题，更不是在解决我们当前所面临的物种灭绝或气候变化问题。

然而，我们不妨以他们为榜样，他们的勇气甚至他们的教训都能够对我们有所启发。我们是一笔巨大的知识宝库遗产的继承人，是他们赖以完成他们那个时代"伟大事业"的智慧传统的继承人。这些传统并不是那些只关心人类日常事务的记者的灵光一闪或即时观点，而是人类原则的表达形式，指导着人类在宇宙的特定结构和功能中生活。

在此，我们可以感受到一个民族的"伟大事业"是民族中全体成员的事业，没有任何人是例外。虽然我们每一个人都有自己的生活方式，都肩负着自己的责任，但我们每一个人也在以舍弃小我的方式做好自己的工作，协助完成"伟大事业"。个人的工作要与"伟大事业"协调一致，正如中世纪时个人生活和手工艺技能的基本模式应成为更大规模的文明工作的一部分。实际上，这种一致性在当时是很理想化的状态，实现起来比现在要困难得多。

各个时代都在要求人类从地球这颗星球的破坏性力量角色向与地球和谐共处的合作性角色转变。毋庸置疑，人类也早已被赋予了足够的知识储备、智慧思维甚至是实现这种转变的一切物质资源。

第2章 溪边草地

我很小的时候便已理解了人类的“伟大事业”。那时我才11岁，我的家从一个惬意闲适的南部小镇搬到了郊区，而我们的新房尚未完工。房子建在一片斜坡上，坡下流淌着一条小溪，小溪对面是一片青草地。我记得那是5月末的一天下午，我第一次沿着斜坡散步，穿过小溪，眺望远处的景色。

绿油油的青草铺满了广袤的原野，漫山遍野生长的白色百合与翠绿的青草相得益彰。这是我的人生中一个妙不可言的时刻，这样的人生体会赋予了我的生命更多更深刻的意义，似乎远远超越了我记忆中任何其他的感受。这种体会不仅仅在于百合花，还在于蟋蟀的鸣唱和远处的林地，以及湛蓝天空中的朵朵白云。那时发生的事情并没有让我有意识地深深铭记于心，我只是过着和其他年轻人一样的生活。

也许这一次印象深刻的原因并没有那么简单，也许那只是一次我童年时期的敏感发作，然而随着时间的流逝，这种感觉不时萦绕心头。每当我想到我的基本人生态度、我的思想倾向和我正努力奋斗的事业，我似乎都会回到这一瞬间，它荡涤了我的心灵，使我真正领悟生活的真实和价值。

这次早期的经历，似乎已经成为我整个思维模式的规范。一切在自然界的生态循环中保护和改善这片草地的行为，就都是好的；反之，一切反对或否定这片草地的，就都是不好的。我的人生取向就是这么简单，并且具有很强的普适性，不仅适用于经济和政治，也适用于教育和宗教领域。

从经济学角度看，能够促进这片草地自然生长的就是有利因素；但是如果削弱了这片草地每年春天自我更新的能力，使其无法为蟋蟀歌唱和鸟儿觅食提供环境，就是不利因素。后来我渐渐明白，这样的草地本身就是持续转化的。这些持续进化的生态系统理应有按照自己的方式进化和表达自己内在属性的机会。正如在经济学中，也正如在法理学、法律和政治事务中，即使当更大的一系列的转变过程塑造了生物区域，这种有利因素依然承认草地、小溪和林地的生存与发展权，并且支持其以每年自我更新的方式生存繁衍。

宗教在我看来也起源于这一神秘深奥的背景。一个人对发生在此的无数相互联系的事件思考得越多，就越会感觉一切变得神秘。一个人在五月时节百合花盛开中发现的意义越多，在仅仅眺望这片小小的草地时所体会到的敬畏之情就可能越强烈。它没有阿巴拉契亚山脉或西部山脉的庄严，没有海洋的浩瀚和深邃，甚至没有沙漠的险峻壮丽，但是在这片小小的草地上，生命的意义被淋漓尽致地彰显，一如我这些年在其他任何地方所见到过的庆祝仪式一样令人印象深刻、影响深远。

在我看来，很多人在进入工业时代之前都有过这样的经历。

宇宙，作为一种原始而恢宏壮丽的表现形式，被人类视为自身生存环境中既令人赞叹又令人畏惧的特质的终极指向。每一种生命存在形式都通过保持自身与宇宙的一致性来构建自己的身份。北美大陆的土著居民每项正式活动进行的前提都必须与宇宙的六个方向（四个基本方向，以及上天和大地）相关，只有这样，人类的活动才会得到充分的认可。

宇宙在早期是意义的世界，是社会秩序、经济发展和疾病痊愈的基本指向。缪斯在那种广阔氛围中居住，激发出源源不断的诗歌、艺术和音乐的灵感。鼓声，即宇宙的心跳声，成了舞蹈的节奏韵律。由此，人们开启了探索自然界的征程。宇宙超自然的一面通过广袤的天空和雷电的力量以及冬天的荒芜后春天的复苏，给人们留下了深刻的印象。人类在所有的威胁面前表现出的无助，揭示了人类对于事情整体功能的紧密依赖。人类与宇宙的亲密和谐关系很可能只是因为宇宙作为人类存在和发展的起源，本身就先于人类而具有与人类亲密的关系。

即便是现在，我们也能够从世界各处的土著居民身上看到这种体会。他们生活在宇宙的秩序中，而我们——工业社会的民族——不再生活于宇宙之中。在北美，我们生活在一个政治社会、一个国家、一种经济秩序、一种文化传统和一个迪士尼式的梦境之中。我们生活在城市里，生活在一个由钢筋混凝土、车轮和电线组成的世界里，生活在永无休止的工作里。我们很少在夜幕降临后眺望星空，更不会在白天放下手里的工作全身心投入地去享受阳光。夏天和冬天在大型购物商场里没有分别。我们阅读着用奇怪的人类字母书写的书籍，而不再用心领悟“自然之书”。

虽然我们掌握的关于宇宙的科学知识比其他任何人都多，但这并不是那种能够带领我们与宇宙形成亲密且意义深远的关系的知识。自然界的各种现象并不是精神存在。我们早已不再阅读宇宙之书，而是通过照片和电视与大自然交流。然而，正如圣奥古斯丁很久之前所说，画饼岂能充饥?![1] 我们人类意义的世界不再与我们周围环境协调一致，我们已经脱离了固化在我们本性中具有深远意义的与环境的互动。我们的孩子们也不再通过自己的经验或与大自然四季更迭进行创造性的互动来学习如何阅读这本伟大的“自然之书”。他们几乎从不去思考水从何处来，流往何处去，我们也不再追求将人类的庆祝活动与敬畏自然的大型仪式相匹配。

我们与赋予我们生命的星球如此相悖，甚至可以说，我们的确已经成为与之格格不入的存在。我们投入了大量的智慧、知识与探索去研究人类的秩序以脱离我们的发源地，我们甚至对维持自身生存的重要资源进行掠夺性开发。我们教育孩子们以肆意开发的经济秩序对待这颗星球的自然生态系统。为了达到这个目的，我们首先要做到制止孩子们亲近大自然。这很容易做到，因为我们自己早已无法感知大自然，更没有意识到自己的所作所为。然而如果我们能够在孩子们小的时候仔细观察，就会发现他们本能地会被自然界的各种具有深远意义的体验所吸引。我们也能够看到额外的压力、情绪上的障碍和学习上的困难似乎正是源自我们为孩子们提供的有毒的环境和经过加工处理的食物。

生活在这片大陆上的各族人民强烈希望与宇宙、地球和北美

---

① 原文为“a picture of food does not nourish us”，此处为译者意译。——译者注

大陆重新恢复统一的整体关系。然而，我们的政府、制度和行业却由于其深层结构和功能而无法立即达到协调一致的状态。但教育制度的改革将成为迈出的第一步。尤其是小学的早期阶段，新的发展是可行的，这就是 20 世纪早期的教育家玛丽亚·蒙台梭利（Maria Montessori）的教育观念。

在《开发人类的潜能》[1]（*To Educate the Human Potential*）一书中谈到 6 岁孩子的教育问题时，她指出，只有当孩子能够将以自己为中心与以宇宙为中心相联系时，教育才能真正地起作用。她认为，宇宙是"一个令人印象深刻的现实"，是"所有问题的答案"，"我们应该携手同行，因为一切皆是宇宙的一部分，彼此相关联形成了一个整体"。这样的理解使得"孩子们的思想有了落脚点，不再漫无目的地求知"。她发现了关于宇宙的体验是如何从孩子们的钦佩和好奇心中创造出来的，以及如何使孩子们整合自己的思想。万事万物之间的联系非常地紧密，孩子们通过这样的方式体会事物之间的联系，才会真正明白"无论我们触摸到了什么，原子或是细胞，我们都必须依赖对深邃宇宙的知识才能解释"。（Montessori，p. 6）

困难在于，随着现代科学的兴起，我们开始把宇宙视为一系列客观物质的集合而不是主观意识的交融。现代机械论科学兴起后，我们经常讨论人类内心世界的失落。然而，最有意义的发现是，我们早已失去了宇宙。我们成功地实现了对大自然机械甚至生物功能的大规模掌控，但是这种掌控并不是总有好结果的。我们不仅控制了这颗星球的基本运转功能，还在很大程度上关停了

① *To Educate the Human Potential*, Maria Montessori, 1967. ——译者注

生命系统。许多曾经为我们歌唱存在之谜的美妙声音也由于我们的掌控而归于沉寂。

我们再也听不到河流、山川和大海的倾诉。树林和草地也不再是精神存在的亲密模式。正如著名的考古学家亨利·弗兰克福特（Henri Frankfort）在《哲学之前》[①]（*Before Philosophy*）中所指出的那样，我们的世界成了“它”而不是“你”。我们继续创作音乐、诗歌、绘画、雕塑和建筑，但是这些活动很容易仅仅成为人类的审美表达方式。它们失去了与宇宙相关的亲密关系、耀眼光辉和令人惊叹的特性。在那些被宇宙所接受的时代中，我们几乎没有能力参加一些以早期文学、艺术和宗教为庆祝形式的神秘事件，因为我们不能生活在庆祝活动发生的宇宙中，我们只能驻足观望，就像在看一些并不真实的事物。

然而，宇宙被束缚在了审美体验、诗歌、音乐、艺术和舞蹈中，导致我们无法完全避免对自然界的片面解读。这种情况反映在我们认为艺术是“具象派的”“印象派的”“表现派的”或“个人表达”。无论我们如何看待艺术和文学，它的力量就存在于草地、山川、大海和夜空星辰即时呈现的壮观景象中。

我们庆祝的能力是具有特殊意义的，庆祝仪式本身必然会将我们的人类事务与宇宙宏大体系进行协调。国家法定假日、政治事件和英雄人物的事迹都是值得庆祝的，但归根结底，除非这些庆祝具有更广泛层面的意义，否则很容易变得空泛、情绪化而转瞬即逝。然而，应该注意到的是，在政治和法律秩序中，我们一直向宇宙更崇高的一面祈祷以请其见证我们所言非虚。在就职典

① *Before Philosophy*，Henri Frankfort et al.，1954. ——译者注

礼、官方文件和法庭审判中，我们通常会宣明誓言。我们对人类掌控范围以外的更大的世界本能地心存敬畏。

即使我们认识到了人类世界之上的精神世界，我们也会把一切意义和价值的终极源泉归于人类，尽管这种思维方式已经给人类自己和其他生命带来了灾难性的后果。最近，我们开始意识到，宇宙以令人惊叹的规则成为唯一自我指向的存在形式。其他任何存在形式，包括人类在内的任何存在和功能都是以宇宙为指向的。这种与宇宙的关系在几个世纪以来的各种传统仪式中得到了印证。

自旧石器时代开始，人类就将他们的仪式庆典与自然界的转变时刻相协调。最终，宇宙因其空间上的广袤以及时间上的次第更迭，成为一个绝无仅有的多样化庆祝表达主体。这对于我们眼中的身边世界来说，似乎也没有其他可能的解释。鸟儿飞翔鸣唱并筑巢养育雏鸟，大地鲜花盛开，雨水滋润万物，海水潮涨潮落，四季上演着你方唱罢我登场的连台好戏，自然界的每一件事都是一首诗、一幅画、一幕剧、一项庆祝仪式。

黎明和日落是每日循环的神秘时刻，是宇宙以特别亲密的方式展现自己神秘一面的时刻。无论是对于个体，还是它们之间的联系来说，这都是存在价值体现的重要时刻。无论是在土著居民的部落聚会中，还是在地球上那些精致的庙宇、大教堂和心里的圣地中，这些时刻都值得奉行庆祝。同理，春天作为四季轮回的第一个环节，被当作人类与宇宙秩序巧妙结合的更新时刻而被庆祝。

有人提议，在人类与地球共同体的亲密和谐关系建立以及宇宙功能运转大规模重建的前提下，开始进行人类存在形式的有效再造。在此之前，尽管人类为了建立一种人类活动与地球和谐共存的良性循环模式，开展了一系列大胆的探索行为，但人类的疏离行为依然持续。目前的形势不是出于绝望的挣扎，而是为了希望而努力。我们在观察这片大陆上的土著居民时所发现的传统思想和仪式坚定了我们的信念。在布莱克·埃尔克[①]（Black Elk）传播教义的时候，在克罗人[②]太阳舞仪式的再现中，这种信念都有迹可循。在斯科特·莫马代（Scott Momaday）的著作中，在莱姆·迪尔（Lame Deer）所产生的灵感中，在奥伦·莱昂斯（Oren Lyons）的指引中，在乔伊·哈乔（Joy Harjo）的诗歌中，在琳达·霍根（Linda Hogan）的文章中，以及在瓦因·德洛里亚（Vine Deloria）的见解中，我们都发现了土著居民的本土思想更新和对基于西方思维的传统宗教和科学模式的批判性回应。在每一个思想的闪光点中，我们都发现人类冒险行为与自然界伟大的宇宙仪式之间存在着紧密的联系。

我们不妨重视这种将宇宙视作庆祝表达主体的思维方式，以保持与世界各地土著居民思维模式的协调一致。在宇宙以各种存在形式进行自我庆祝时，人类可以被视作宇宙庆祝自身的一种存在形式，在这个存在形式里，宇宙也在庆祝其特殊自我觉醒意识的神圣起源。自发的共同体仪式已经兴起，诸如约翰·锡德（John Seed）创立的众生委员会（the Council of All Beings），乔安娜·梅西（Joanna Macy）的仪式程序，保罗·温特（Paul

---

① Black Elk，又译“黑麋鹿”，北美印第安人的杰出代表人物。本书第3章译作“黑麋鹿”。——译者注

② 克罗人（Crow Indians），北美印第安人。——译者注

Winter）的夏至和冬至庆典，以及创世纪农场[1]（Genesis Farm）的季节性节日，都给予了我们对未来的希望，包括理解、力量、美感以及治愈伤痛和为地球打造可行性未来所必需的情感上的满足，但伤害早已在这颗星球上造成，这个众所期待的未来也需承受艰难困苦以期激发所需的创造力。

在这里，我不妨说明一下我的看法，我认为我们面前的这项任务不仅是我们的任务，更是整颗星球乃至其全部成员的任务。虽然已经造成的破坏是人类的急功近利所导致的，但是恢复原貌的任务却无法只靠人类来完成。正如身体的某一器官导致的疾病不能仅由治愈这一个器官而痊愈，身体的每一个器官都要加入治愈过程中。因此，整个宇宙都要在阳光的温暖照耀下参与到地球的恢复任务中来。

从某种意义上来说，地球是一个成员之间有着非比寻常关系的神奇的星球，因此，走向未来的事业必须以对人类极其有益的方式进行。我们与其说把这颗星球的未来发展看作科学预测或社会经济学的结果，不如说地球的未来是人类参与的一首交响乐或基于我们这个奇迹世界的精神上的存在。这或许就是我初次见到溪边青草地上盛开的百合时所产生的那些说不清道不明的情愫。

---

① 创世纪农场建造于1980年，在美国的新泽西州，提供季节性的仪式，是一种工作坊、电影放映处、学习小组。——译者注

第3章 地球故事

从更深层次意义上说，我们的伟大事业和我们的历史角色与一种新的地球观有紧密的联系。这个光芒四射的蓝色星球高高地挂在天空中，每天在阳光的照耀下环地轴自转，每年绕太阳公转。七块大陆从海底地壳中升起形成，两极覆盖着厚厚的雪层。美洲西部边缘的内华达山脉、欧洲的阿尔卑斯山脉、亚洲的喜马拉雅山脉和天山山脉以及非洲的乞力马扎罗山脉赋予了各个大陆警醒人类、预示未来的威严感。雨水沿着大陆上的山脉流入大海，赤道地区的热带雨林则环绕着地球。无论我们从天空中俯视或穿梭于广袤的田野，还是仰望白天的太阳和云朵以及夜晚的月亮和星星，景色都是令人难以忘怀的。

我们被地球上的田野林地紧密地环抱，却迷失在城市所营造出来的经济狂热之中，很少从地球独特性的一面来探讨地球。我们也确实经常谈论自然、世界、创造、环境、宇宙，甚至当地球这颗星球已经在我们思想中居于首位时依然如此高谈阔论。然而，直到近期开始，我们才真正地以全面的视角和端正的态度来看待地球。

我们对地球了解得越多，就越将它视为一个受到了格外关注的幸运星球，地球既是众多生命形式的家园，也是被创造的成果。最近，我们在一个更加综合广泛的宇宙知识层面渐渐认识了地球。通过科学观察，我们开始了解地球如何从漫长的宇宙进程中孕育而生，生命如何在陆地上诞生，以及后来我们自己如何出生于所生活的环境。然而，如果拥有这样的科学知识，我们会经常缺乏对地球神秘感或任何其他深刻理解的敬畏之心。我们会把地球视为从事经济活动的大环境或是科学的研究对象，而非一个因为人类不断涌现的思想和想象力而存在的充满奇迹、壮丽色彩和神秘感的世界!

在更早的时候，地球与人类的关系比现在更为亲密。动物和人类是亲戚，这种关系在世界各地发现的图腾雕刻图案中都有明显的表现。宇宙的力量来自我们的祖辈，自然界精神力量的适应性开始呈现出普遍的亲密性。人类仪式成为宇宙本身宏大仪式的一部分。季节交替的庆典仪式使人类进入太阳和月亮的循环韵律中。那些我们以前很少认真思考过的天体位置的坐标都成了建筑结构的依据。

在我们的时代来临之前，有一段由奇迹和创造性引领的时期，但是千万不要把这段较早的历史时期与神话里的天堂混淆，因为那时的确存在着一段引人注目的且影响了各种各样生命领域的时期。人类的活动因为更大共同体的存在和功能运转而完整。每一个生命存在形式都有自己的生存法则、自我表达方式和自己的声音。人类、动物和植物以及所有的自然现象都是更大的地球共同体的整体构成部分。正如亨利·弗兰克福特在《哲学之前》

(*Before Philosophy*) 中所提到的："自然现象的界定通常是根据人类经验梳理得出的，而人类经验的总结通常是根据宇宙事件梳理得出的。"(Frankfort，p.12)

人与宇宙相互反馈在中国传统文化中表现得最为广泛，人的活动与四季终年协调一致。正如《礼记》，即礼仪之书中所说，皇帝的龙袍、居住的寝殿以及礼乐与仪式都是按照季节精心规划的。如果春天的礼乐在秋天奏响则会有违天时。(Legge，p.291)

正如王阳明在《大学问》中所指出的，在这样的大背景下，人格的最高成就是将自我视作"天地万物"的"一体"。(deBary and Bloom，pp.845－846) 在宇宙宏大的创造过程中，人类是创建万物秩序的原始力量的"天、地、人三才"之一。

人类与自然界在单一神圣共同体中的连续性可以从"黑麋鹿"[①]（一位拉科塔苏族印第安人）的人生轨迹传记——《黑麋鹿如是说》中领会到。9岁时，他经历了一场精妙的幻象，看见天空中有一匹黑色骏马，马的嘶鸣激起了无垠宇宙的舞动韵律，这韵律簇拥着他的知觉臻于化境。(Neihardt，chap. 2)。宇宙神圣的一面在此显露无遗，这是我们现在西方宗教中很少见的一种自然界的意识觉醒。

早期这种亲密关系确实存在于人们神秘的传统中，例如宾根的希尔德加德（Hildegard of Bingen）、圣维克托的理查德(Richard of St. Victor)、迈斯特·埃克哈特（Meister Eckhart）和十字架的约翰（John of the Cross）的记录。基督教徒早期采用了一种宗教仪式仔细观察人类的赞颂与黎明和日落时分神圣时刻的

① 详情参照本书第2章注释。——译者注

联系以及与四季交替的联系。整个中世纪，这种仪式主要在本笃会和西多会修道院虔诚地进行着。社会秩序本身就是由这种基本的生活节奏所掌控的。圣日，顾名思义，也就是那些最初的节日。

一旦选择了世俗的生活态度，我们便失去了与自然界的亲密关系。自然界变得极易受到人类的攻击。尽管基督教并没有信奉宇宙规律的传统，但却遵从于更深层次的历史规律。这种历史取向最终决定了西方世界在遍及世界的范围内有着政治和经济领域的强大力量，但是却极易与自然界失去紧密联系。同时，这也产生了一种自然界就是“为我所用”而非某种神圣存在的观念。

现在，在经历了几个世纪以来把地球作为科学分析和经济谋利的研究对象合集后，我们不禁要问：在哪里能够找到重新评估人类活动的资源？如何找到给予我们脱离掠夺性工业经济能力的精神能量？也许我们可以从现在真切的现实感中迈出第一步，但也不能局限于空间意识影响下的传统。不管其他社会环境和其他时代情况如何，我们都是在这样一个发展中的宇宙大背景下用观测科学去认识世界，这个宇宙在现象世界中有着自己独特的自我组织的力量。

我们的现实感有三个基本因素：观测科学、发展中的宇宙和内在的自我组织能力。我们不能脱离那些由伟大宇宙仪式所反映出来的人类关于神圣存在的早期体验而存在，也不能独立于我们的人本传统、艺术和诗歌以及文学而存在，但是这些传统也无法凭借自身的力量发挥其应有的作用。这些早期经验和成就涉及很多议题，引领着多个不同的世界而不仅仅是 21 世纪初的世界。为了应对当前的环境挑战，它们也需顺应这个处于发展初期的宇宙，从而做出转变。

我们也不能接受之前那些说我们的科学探索只是物质主义的指责。目前，我们的观测科学已经超越了对几个世纪以来牛顿物理学中所谓的客观世界的机械论理解。现在我们明白了在知识体系中是有一定的主观意识存在的，人类自身作为智慧生物，激发了宇宙最深奥的层面。如果说以前人类是通过将原子视作现实以及将整体视作衍生物的自上而下还原过程来认识宇宙的，那么现在人类已经认识到自下而上整合的重要性，因为只有形成整体的时候我们才能观测到粒子和了解粒子的力量。如果仅仅从孤立片面的角度来认识元素，那么我们不过是知之甚少且浅尝辄止。为了认识原子，我们要明白这些元素在分子、大分子、细胞生命体、有机生命体，甚至在思维感知方面的核心作用，因为原子结构是在一个转变的大环境中，是在地球上异彩纷呈的动物和植物中，甚至是在最具有深远意义的人类的智慧、情感和精神追求中生存和发展的。

正如碳元素在我们最高的精神体验中发挥作用一样，碳本身也具有一定的精神能量。如果有些科学家认为这一切不过是一个物质过程，那么他们称之为物质，而我称之为思维、灵魂、精神或者意识。也许这是一个术语问题，因为科学家们偶尔也会用能够表达敬畏和神秘的术语，但更多的时候，他们使用的术语似乎是在说，这些他们遇到的自然形式也许“告诉了他们一些事情”。

看起来我们最好将思维和物质看作一个现实的两个方面，这个现实是在整个宇宙海量多样的表达形式中通过自我组织的过程产生的。我们开始欣赏这些奇迹般的现实，尽管任何科学或人类构建的方程式都无法对此做出解释。

目前，我们知识体系的第二个方面是，宇宙正处于一个不可逆过程的发展初期。我们并不只是在意识的空间模式中生存，时间仅仅意味着现实的季节性的更新序列，这种现实保持着它们最基本的特性，与柏拉图式的典型世界相一致。人类现在并不完全生存在基于宇宙演化论而运行的宇宙中，即从不可逆的转变运动中诞生，在更大的弧度运动轨迹上发展，复杂程度由弱变强，意识由模糊变得清晰。

认同我们自身所处时代的第三个基础是认可在每个层面上都存在自我组织意识的基本倾向，我们在物质、生物学以及反身性层面上都能够看到这种倾向。虽然古人对自然世界的超自然层面及其自发性产生了高度敏感性，但我们必须依靠自己的资源。如果运用得当的话，我们可以建立与自然界的亲密关系，甚至完成一个新生态共同体中地球的更新。即使我们偶尔遗忘了宇宙之诗，这种失落也会在宇航员们回到地球的一瞬间改变，毕竟他们无法忘记那些亲身经历的宏伟壮阔的美好时刻。尤其令人震撼的是他们从大约 20 万英里外的月球望向地球时的那种景象，一种诗意的盛大景象就此涌现在他们的笔端。

宇航员埃德加·米切尔（Edgar Mitchell）告诉我们，他永远无法忘记那美妙的瞬间，他从外太空望向地球，那个“蓝白相间的星球就漂浮在那里”，然后，他看到在“如天鹅绒般柔软的深沉浓厚的黑色宇宙背景中”的日落一幕。他产生了一种从未经历过的意识——“宇宙的漂浮、能量、时间和空间都具有目的性”，他折服于这种意识并沉浸于此。（Kelley，p. 138）

对宇宙和地球的这一感性体会使我们更加深刻地认识到宇宙

这100亿年来是如何孕育地球的，地球又是如何再加上46亿年来完成塑造自己的辉煌历程的。我们现在的地球并不是曾经的地球，也不是未来的地球，它正处于一个持续不断演变的高度发达的阶段。我们必须像看待许多音乐作品中的起承转合一样来看待这个依照规律演化的地球，也要同时领会那些按时间顺序出现的事件。正如在音乐欣赏中，后一个音符奏响，前一个音符消失，但是音乐小节，整个交响乐，需要同步理解才能真正起到欣赏的效果。又如，直到后面的音符奏响，我们才能完全理解开场音符。每一个新的主题都在改变之前的主题和整首曲目的意义。初始的主题所形成的共鸣贯穿于该作品之后的每个部分。

因此，宇宙的诞生时刻也向我们展现了一个令人惊叹的过程，我们逐渐开始欣赏这个随着时间推移慢慢揭开的神秘面纱。宇宙自身蕴含着一系列漫长转变阶段中的原始能量，随着可能突然迸发，宇宙在这种转变中慢慢演化成现在的状态。其初始时刻蕴含着当前的隐含形态，而当前形态是初始时刻的清晰展现。这个初始时刻就是地球故事的开端，宇宙的故事就是我们每个生活在宇宙中的生命体的故事，也是我们每一个人故事的开始。实际上，宇宙最初爆发的内在现实是无法被察觉的，直至这一过程中强大的力量已经塑造了多个星系、地球、多种生物物种和人类智慧中所展现的宇宙知识。

在初始时刻，一系列转变接连不断地发生，各个迭代星系的初代恒星开始形成，而后，其中一颗恒星巨变的碎片分散至宇宙各处。这个超新星时刻开启了全部元素序列，这些元素促成了地球这颗星球的形成，因为生命的诞生的确需要全方位多层次的全覆盖。

此时我们自己所处的包含九颗行星[①]的太阳系已具备形成的条件。一种引力的中心吸引了之前星球散落的碎片，汇聚成这颗新的恒星，即我们的太阳，并且以这颗恒星为中心分出了九个星层。在这个大背景下，地球开始了独特的自我塑造的过程，向更深层的差异化结构探索自己未知的未来。这是一种深度演化的自发性过程，也是一种将自己的组成要素建构得更为紧密的过程。地球与太阳的合适的距离令人惊叹，这样的距离使地球不会过于炎热也不会过于寒冷。地球被照耀的半弧球面不会太大（太大会使地球像木星一样主要呈气态），也不会太小（太小会使地球像火星一样地表大量覆盖岩石）。然后，月球也被如此精确地放置，这使它与地球之间不会因为距离太近而引起地球上的潮汐淹没陆地，也不会因为距离太远而导致地球上的海洋毫无波澜。

地球内部的放射性元素为火山爆发提供了能量，火山爆发又引发了大气变化、海洋形成以及陆地升出水面。这段时期种种神秘而深远的变化相继发生，但是远不及生命孕育的条件形成以及人类意识的形成那么神秘。34 亿年的生命故事与地球基本结构形成的故事非常完整，所以我们不能把地球简单地理解为首先形成物质形态，然后生命在此环境下产生，这是不恰当的。

众所周知，地球的形成有四要素：陆地、水、空气和生命。这四者与太阳的光和能量相互作用。尽管这四要素的形成是有先后顺序的，但由于其在地球形成过程中相互影响程度极高，联系也极为紧密，所以我们必须在某种程度上承认它们同时存在且相

---

① 冥王星于 2006 年被剔除出太阳系行星之列，而托马斯·贝里这本书的英文原版出版于 1999 年，当时冥王星仍属于太阳系九大行星之一，下同。——译者注

互影响。

地球上存在原始大气、海洋和陆地，但因为生命的演化如此形态多变，我们也许会认为地球的基本属性是一个生命产生的过程。我们确实应该按顺序讲解地球物质形态的形成故事、大气层的初始形式和海洋的化学元素构成，然后再考虑原核细胞和光合作用、真核细胞和呼吸作用的发现，然后再更加详尽地阐释所有这些地球发展的模式。我们必须明白任何一个发展的阶段都是一个单独的且正在起作用的过程的结果，这个过程是人类意识模式发展过程中的新阶段。古典时期，柏拉图在他著名的《蒂迈欧篇》（*Timaeus*）中提出世界灵魂赋予了整个宇宙一个有生命的统一体，对宇宙统一学说进行了阐释。这种世界灵魂（*anima mundi*[①]）的学说，一直延续到欧洲17世纪剑桥柏拉图学派，成员包括：亨利·莫尔（Henry More）、理查德·坎伯兰（Richard Cumberland）和拉尔夫·卡德沃思（Ralph Cudworth）。

对于人类自身来说，在讲述地球的故事时，更具有现实意义的是6亿年前开始的生命演化过程。这段时间通常指古生代（距今5.7亿年至2.4亿年），中生代（距今2.4亿年至6500万年）以及新生代（距今6500万年）。虽然讨论较早一些的生物纪元比较有益，但我们还是想先来看看我们最感兴趣的新生代。这是我们的世界开始形成时的纪元。新生代的很多生命形式在中生代已经出现，但却是在新生代中得以全面发展的。这是一个花朵竞相开放的时期，五彩缤纷，千姿百态。这也是温带阔叶林和赤道热带雨林的繁盛时期。新生代对于鸟类来说，是非常特殊的时

① 拉丁语，世界灵魂。——译者注

期，鸟类的形态、颜色、鸣叫和求偶仪式都具有极其特殊的多样性。更重要的是，这是哺乳动物的纪元。大约有 2000 万种生命物种在这个纪元开启了最辉煌的时刻。我们永远无法完全了解这些物种，因为它们在这个进化过程中的诞生和灭绝都过于匆忙。现在，人类自己也参与了灭绝物种，其数量和速度远超新生代开始以来的任何自然灭绝过程。

新生代晚期是一个灵感迸发和大胆尝试的创作时期。当人类悄然出现在非洲东北部的热带稀树草原时，就如同在奏响一首无与伦比的抒情曲，并且由此延伸至亚洲和欧洲。早期的转变形态衍生出了我们自己的更近期的祖先，大约 6 万年前，我们的祖先具备了发达的言语、标志性的语言、制作工具的技能、能歌善舞的大家庭社区，还有那些精心设计的充满宏伟视觉艺术感的仪式，这一切都是旧石器晚期的表现形式。

大约 1 万年前，具有社会结构的人类共同体在新石器时代出现，人类纺织，制陶，种植小麦和大米，养殖羊、猪、牛、马、鸡和驯鹿。最重要的是，人类社会开始出现村庄。继村庄之后，早期的城市在底格里斯与幼发拉底河、尼罗河、印度河、黄河以及湄公河流域兴起。然后，出现了尤卡坦半岛的玛雅人、中美洲的托尔特克人以及秘鲁高原上的印加人。[①] 大约 5000 年前，西方文明以苏美尔为开端，开启了几个世纪的发展历程，直至形成了欧洲文明。

不同的文明用极具创造性的语言在不同的地理环境中诠释了

① 分别为 the Maya on the Yucatán peninsula、the Toltec in Mesoamerica、the Inca on the high plateaus of Peru。——译者注

宗教仪式、敏锐洞察力、社会组织以及艺术敏感性等方面的人类文明发展进程。这5000年来，地球上到处回荡着歌舞、宗教奇观以及各地族群的精彩呈现。所有这些富有仪式感的表达形式，不仅属于人类，也是地球富有创造性的有力证明。

然而，人类对这颗星球的改造出现在了这壮观的景象中。大部分的人类活动发生在近几个世纪的工业社会中，严重干扰了这颗星球的功能的协调运转。如果说地球因人类的砍伐林木、开垦土地、修筑河坝和杀害动物等过度开发而黯然失色，那么地球也因埃及的金字塔、印度尼西亚的婆罗浮屠、柬埔寨的吴哥窟、中国的长城、欧洲的大教堂，以及美洲的玛雅、阿兹特克和印加建筑而变得光彩夺目。这些成就代表着世界各民族体会到了万事万物的深邃奥秘并且建立了与宇宙宏大力量交流的渠道。

大多数传统源自各民族的传统故事，讲述了事情最初的起源、至今的发展以及人类是如何借助音乐、歌曲和舞蹈融入这个对宇宙和地球进行永久赞颂的庆祝仪式中的。在现代的科学时代，我们以一种前无古人的方式创造了自己的神圣故事、进化史诗，从实证观测和批判分析的角度讲述着宇宙如何历经百亿年演化而形成、太阳系如何形成，而后地球如何形成以及我们如何诞生。

任何讲述都存在不足之处，但进化的史诗确实呈现了可以从我们目前经验中获得的宇宙的故事。这是我们神圣的故事，是我们处理作为万事万物源泉的终极奥秘的方法，而不仅仅是对物质本身以及我们周围可见世界中物质随机出现的现象的阐释。正如进化遗传学家西奥多·杜布赞斯基（Theodore Dobzhansky）所说，此形成过程既不具有随机性也不具有预定性，但是却富有创造性。正如人类的秩序一样，创造性既不是理性的演绎推理过程，也不是非理性的无规思维的畅想，而是呈现出了一种如同黑沉的地球土壤上盛放出的一片雏菊花丛一样的神秘之美。

为了欣赏这个故事所传达的宇宙的超自然层面，我们必须理解是人类自己激活了宇宙最深奥的层面。我们可以在自己的身上看到人类特殊的智慧、情感和想象力。显然，这些能力都是一开始就作为宇宙的维度而存在的，因为宇宙一直在通过其空间的广深层次以及时间的次第更迭来保持宇宙自身是统一的整体。人类既不是宇宙的附加物，也不是宇宙的侵入者，我们就是宇宙的一部分，宇宙因我们而完整。

宇宙对于我们来说是显而易见的，我们对于宇宙来说也是毫无遮掩的。这样的陈述适用于宇宙的任何层面，因为宇宙中的任何生命体都是宇宙完整性的一种明确表达形式。在宇宙中，万事万物都需要保持相互关联，宇宙的故事时刻也从未与故事中的任意时刻相分离，宇宙与我们同在，在现实的任何时刻，宇宙都与我们一同处于宇宙和地球独一无二的体验中。

第4章 北美大陆

在21世纪的最初几年里，我们发现自己身处这个以前被称为海龟岛，现在被称为北美的大陆上。为了生存，我们必须选择一种适应这里的生活方式，必须了解这片大陆及其独特之处，因为只有这样，我们才能知晓自己身处何方，理解我们在这片大陆上的真正角色。我们要了解这片大陆的故事，了解它是如何在东部大西洋和西部太平洋之间，以及北部北极和南部热带之间形成的；我们还要欣赏它的河流和山川、东部的森林、西部的荒漠，以及埃弗格莱兹大沼泽地、堪萨斯大草原、喀斯喀特山脉和内华达山脉。

在这里，我们自己的位置在阿巴拉契亚山脉东部地区的山脚下。阿巴拉契亚山脉是世界上最古老的山脉之一，比落基山、阿尔卑斯山或喜马拉雅山还要悠久，阿巴拉契亚山脉从这片大陆的东部开始延伸，从加拿大的加斯佩半岛沿着包括佛蒙特州的白岭和绿岭在内的连绵高地继续延伸到马萨诸塞州的伯克郡，而后穿过哈德逊河进入纽约州的卡茨吉尔山脉，然后沿着宾夕法尼亚州的阿勒格尼高原向下，经由西弗吉尼亚州和卡罗来纳州的蓝岭山脉，进入佐治亚州，最后到达亚拉巴马州北部。

在阿巴拉契亚山脉的东部，沿海平原沿着大西洋海岸经新泽西州、马里兰州、弗吉尼亚州、卡罗来纳州和佐治亚州，穿过墨西哥湾海岸进入得克萨斯州。阿巴拉契亚山脉以西是中部大峡谷，密西西比河及其支流从加拿大南部地区流经整个大陆，东起纽约州，西至蒙大拿州。

在这个山谷的中纬度地区，花草繁盛的大草原向西延伸，形成一片花的海洋。这些高茎草地区始于俄亥俄州西部，经印第安纳州和伊利诺伊州，穿过密西西比州到达艾奥瓦州、明尼苏达州和堪萨斯州。矮茎草地区由此开始至堪萨斯州西部、得克萨斯州、新墨西哥州和科罗拉多州。这些草地的尽头是兀然高耸的落基山脉，从平原上看起来显得远近高低各不同。东南部山脉之外是沙漠地区，那里隐藏着脆弱却也顽强的各种生命形式。

太平洋沿岸的内陆地区，山脊沿着海岸从阿拉斯加州一直延伸到加利福尼亚州。北部的北方云冷杉树林经由加拿大中部从阿拉斯加州延伸至大西洋。在加拿大东部，我们能看到劳伦琴山脉，这片大陆最古老的岩石核心，也被称为加拿大地盾，其中部分有 20 亿年的历史。

除了对这片大陆当前的描述外，我们还应该知道这片大陆从何而来，过去扮演了什么角色，以及它在逐渐展现的未来中命运如何。为了用丰富的细节讲好这个故事，我们要追溯到大约 2.5 亿年前这片大陆的早期形式。那时，这片大陆与其他陆地一起形成了一个独立的世界岛屿——泛大陆[1]——坐落在世界海洋的中心。在大陆的交汇处，阿巴拉契亚山脉经历了最后的抬升。而后，大约在2亿年前，各个大陆开始分裂。

北美大陆板块从其他大陆板块转向西北，在脱离后来成为北非板块的隆起地带时，与东部的欧亚大陆板块保持着密切的联系。实际上，从地质学上讲，格陵兰岛是北美大陆板块的一部分。自从南美大陆板块从非洲大陆板块漂向西南部之后，直到最近，北美大陆板块和南美大陆板块才有接触。而北美大陆板块一直与欧亚大陆板块有接触，大约1亿年前，二者才更彻底地分离了。我们与欧洲世界都有广阔的松树、橡树、山毛榉、榆树和其他树种，就是由于我们此前与欧亚大陆板块有持续紧密的接触。随着北美大陆板块向西移动，大西洋开始呈现出现在的形态。

在地球的地质生物学故事中，从距今2.2亿年前到6500万年前的时期，被称为中生代，是恐龙的时期。在这个极具创造力的时期，开花的植物和树木，还有鸟类，都以它们的原始形态出现了。然而，直到距今6700万年前的生物大灭绝之后，树木、花朵、鸟类和哺乳动物[2]才开始进化成我们所熟知的现在的模样。这种灭绝是许多哺乳动物和我们人类存在方式出现的必要条件。此时与亚洲世界的联系也开始于北美大陆板块的向西移动，这使它更接近亚洲大陆板块的西北角。

由于欧亚大陆板块和非洲大陆板块分离，早期的人类无法经

---

① 又译“泛古陆”，原始大陆，由现在的所有大陆组成。——译者注

② 原文为“animal”，但根据上下文译为“哺乳动物”，以避免与前文“鸟类”冲突。——译者注

由陆路向北美大陆迁徙，直到晚近一段时期才到达这里。只有当威斯康星州，也就是最后一批更新世冰川，在过去的 9 万年里从北方向下漂移，使海平面下降超过 300 英尺时，第一批人类才通过陆地桥进入这片大陆，这个地区现在被称为白令海峡。北美洲与南美洲和澳大利亚一样，是世界上最后经历人类存在的大陆。显然，目前已经居住于非洲、亚洲和欧洲很长时间的人类源自更早的非洲。

这片大陆上的第一批人群沿着北美洲西部地区的山谷向下迁移，到达南美洲，走向南美洲南端的火地岛，这是具备一定的可能性的。因为此时，也就是大约 600 万年前，连接北美洲和南美洲的巴拿马地峡已经形成，将这两片大陆的命运紧密相连。与此同时，亚洲移民向东迁移，覆盖北美洲直至大西洋沿岸。

这片大陆土著民族的历史和文化成就直到现在才开始被欣赏，并且作为人类冒险的总体叙事而被接受。最初生活在这里的人类，以他们与这片大陆相处的独特经验，传授给我们很多如何与这片大陆亲密相处的知识，引导我们如何以一种相互促进的关系在这里定居。如果说以前生活在北美洲和南美洲的原住民没有被纳入我们对人类冒险的整体描述中，那么现在人们已经意识到，无论是在经济和政治上，还是在智慧和精神上，他们都对历史进程有着更大的影响。

正是中美洲和南美洲的金银使欧洲的经济生活焕发了新的活力，达到了新的发展水平。这些大陆出产的蔬菜（如土豆、玉米、豆类、瓜类、西红柿）改变了世界的饮食结构。美洲的拓荒者发现了奎宁、可卡因和其他治疗性自然药物，而且它们的产量非常丰富，甚至有一位作家声称：“量大且品种丰富的新药物

制剂成了现代医学和药理学的基础。”（Weatherford，p. 184）

在我们所赞赏的土著居民的成就中，他们在语言创造、与土地的精神亲密关系和政治能力方面所取得的成就最为引人注目。在他们的语言创造中，乃至在所有人类最崇高、最根本的成就中，我们只能惊叹于语言的多样性。也许有 1000 多种语言在早期形成，但其中只有 500 多种从早期的相互融合时期留存了下来。他们对影响整个自然界的超人类力量的预测，确立了美洲土著居民的宗教，使之成为我们所知道的最令人印象深刻的精神传统之一。

土著居民的想象力开始是以艺术、文学和舞蹈的形式呈现的，尤其是在诗歌和仪式中呈现。正如早期定居者一直以来所说的，他们的情感发展体现在人类情感的品质和他们英雄般的灵魂塑造上。他们温文有礼、举止沉着且充满仁爱，给即将到来的欧洲人——来自域外的第一批陌生人——留下了深刻的印象。

早在 17 世纪初，随着英国殖民地在北美洲弗吉尼亚地区的建立，阿瑟·巴洛（Arthur Barlow）作为弗吉尼亚 - 卡罗来纳区域早期的探险家之一，就深信“世界上再也找不到比这更善良、更可爱的民族了”（Kolodny，p. 10）。弗吉尼亚州早期历史上最触动人心的一件事是，在殖民者采取了一系列侵略行动之后，波瓦坦联盟部落首领向约翰·史密斯（John Smith）提出了疑问：“你们为什么要用武力夺取可能用爱慢慢拥有的东西？你们为什么要消灭给你们提供食物的我们？通过战争你们能得到什么……？我们没有武器，如果你们以友好的方式而不是用刀剑和长枪，像与敌人开战一样，我们其实是愿意满足你们的要求的。”（*Jamestown Voyages*，edited by P. L. Barbour，p. 375 sq.， quoted in T. C. McLuhan，p. 66)

虽然北美洲东部地区的一些早期定居者体会过这种善良的特性，但这些也是印第安人品格中的英雄气概，尤其是在他们的首领身上。在东部，我们发现了渥太华的庞蒂亚克[①]（Pontiac），他与法国和英国进行了数次谈判以维护其人民的独立。19世纪初，肖尼的特库姆塞[②]（Tecumseh）四处奔波，与密西西比州东部的诸多部落商谈，使他们相信任何部落都没有权利与英国人订立单独的条约，因为所有的土地都由所有部落共同拥有。还有小乌龟[③]（Little Turtle），迈阿密之战的首领，他在1791年的一次战斗中击溃敌军，造成了有史以来与印第安人的战斗中美军最大的伤亡。塞内卡的红夹克[④]（Red Jacket）与华盛顿总统进行了会谈，并且在美国参议院发表了讲话。他对传教士们说，他愿意拭目以待改变了宗教信仰的塞内卡人如何行动，然后他将决定自己和他的人民是否接受基督教信仰。这些领袖人物在议会上用英语发言，义正词严，不卑不亢，充分证明了这片土地上民族文明的高度发达，也证明了他们完全有能力在平等且通常是高于基本文化发展水平的层面与美军领导者们对话。

---

① Pontiac the Ottawa，印第安土著人首领，因其在抗击英国殖民侵略者战争中的重要作用而以他的名字命名这场战争。——译者注

② Tecumseh the Shawnee，印第安土著人首领，曾尝试建立部落联盟以反抗殖民侵略。——译者注

③ Little Turtle，印第安土著人首领，印第安最著名的军事领导人之一。——译者注

④ Red Jacket the Seneca，演说家，曾在美国独立战争结束后与新成立的美利坚合众国谈判。——译者注

在密西西比西部，定居者们遇到了一些值得纪念的领袖人物，如奥格拉拉苏部落的红云（Red Cloud）和狂马（Crazy Horse）[1]，夏延南部的黑壶（Black Kettle）和罗马鼻[2]（Roman Nose），奇里卡瓦族阿帕切的科奇斯（Cochise）和杰罗尼莫[3]（Geronimo），内兹佩尔塞的约瑟夫（Joseph）酋长。这些首领带领他们的人民度过了从军事冲突向印第安保留地过渡的艰难时期。这是一个悲惨而漫长的故事，至今还在继续。

然而，从某种意义上来说，这个大陆上的拓荒者凭借着在这片大陆上获得的全部经验以及与这片大陆力量间的亲密关系，足以引领和指导所有准备在这里定居的人。尽管经历了战争、文化压迫、贫穷和酗酒，土著居民这几个世纪以来仍较完好地保留了拥有自主权、拥有所属的土地和沿袭祖先的传统的各个社区。这些思想特质将北美大陆的力量和传统智慧视为永恒的精神源泉。

对于这片大陆的通过自然现象表达的超自然力量来说，土著居民的存在意味着一种古老的精神认同。易洛魁人以奥伦达的名义与这些力量相通，阿尔衮琴人的曼尼托，苏族人的瓦坎都是通往这些力量的神灵。每一种自然现象都以某种方式表达了这些神圣的力量。与这些力量结盟是这个大陆上每一次人类重要行动的首要和必要条件。

---

① Red Cloud and Crazy Horse of the Oglala Sioux，奥格拉拉苏部落印第安人首领。——译者注

② Black Kettle and Roman Nose of the southern Cheyenne，夏延印第安人首领。——译者注

③ Cochise and Geronimo of the Chiricahua Apache，奇里卡瓦族阿帕切印第安人首领。——译者注

在拓荒者的礼仪中，我们可以感知到土著居民与这片土地的亲密关系，因为他们正是以一个民族的庆祝活动和活动礼服上的图案，最全面地参与了宇宙的仪式。我们可以观察到这种亲密关系，尤其是在平原印第安人的幻视追踪仪式中。进入成年期的人会在某个偏僻的地方禁食几天，以期获得内在力量和神示，这将是他一生中个人力量的主要来源。

在出生时举行的奥马哈仪式上，我们也能够看到这种与宇宙的亲密关系。婴儿被抱出来，向宇宙和各种自然力量呈现。他们祈求宇宙和这个大陆用所有的力量保护和引导孩子走向其人生归属的命运（Cronyn，pp. 53 –54）。婴儿与作为生命源泉、向导、平安和成就的整个自然界就以这种方式联系在了一起。

同样，正如他们在颂歌中所唱的，纳瓦霍人用他们的沙画描绘了整个宇宙，并且召唤宇宙的力量来重建个人和共享生活中的种种不平衡。正如沙画中所描绘的一样，需要被拯救的人被放置在表示宇宙中心的位置，宇宙力量中被寻求的治愈力量通过祈求宽恕的吟诵被指引吸收到其身体中。

然而，没有任何一种仪式比易洛魁人的感恩节仪式更合适或更令人印象深刻。这个仪式可以持续数日，因为自然界的每一面都要被顾及，以感谢大自然赐予人类的种种福祉：阳光、风和雨、土地、溪流以及生长着的万物。在每一种情形中，自然现象和人类共同体之间的关系被明确表达，人类的感激之情亦被真诚传达。自然现象不是以某种抽象的方式表达的，而是以其直接的物理存在来呈现的。尤其令人印象深刻的是，最后对自然界每个组成部分的感恩劝诫。人们应该记住，作为一个统一完整的共同体，“现在我们的思想即为一体”。只有当我们深刻地认识到这一庆祝活动是一场见证五个易洛魁联盟的原始部落成为统一体的连接仪式，这场仪式的意义才能真正被体现。

欧洲人踏上北美大陆的那一刻，对于这个大陆，乃至对于整个地球来说，都是十分具有历史意义的时刻之一。这情景随着我们一次次的回顾变得异常清晰，这是一个意义非凡的时刻，不仅对土著居民来说是这样，而且对于这片大陆所有的动植物来说都是如此。当第一艘小帆船出现在大西洋的地平线上时，这片大陆上的每一个生命体都因不祥的预感而战栗。

迁入此处的定居者把这片大陆的土地和各族人民当作利用的对象，这一具有威胁性的态度在早期西班牙远征南美洲和北美洲南部地区时表现得尤为明显。在这些地区的西班牙征服者[①]［如东南部的德索托（De Soto）、北美洲中南部的科罗纳多（Coronado）、墨西哥的科尔特斯（Cortez）以及秘鲁的皮萨罗（Pizarro）等］都在不停地寻找黄金。他们把印第安人囚禁在金银矿中从事他们的种植园经济。这个计划最终失败了，因为印第安人无法在禁锢中生存。

当17世纪的欧洲人来到这里时，他们可能已经与这片大陆及其所有表现形式建立了亲密关系；他们也可能已经从这里的居民那里学到了如何与森林及“森林居民”[②]建立一种可持续发展的关系；他们还可能已经了解了河流和山脉紧密联系的本质，并且把这片大陆视为值得尊敬的土地，轻松闲适且优雅地居住于

---

① conquistadors，16世纪征服中美洲和南美洲的西班牙征服者。——译者注

② forest inhabitants，译作“森林居民”，指森林中的动植物等生命形式。——译者注

此。然而，对殖民者来说，此处是一块值得开发利用的土地，这是由安妮特·科罗德尼（Annette Kolodny）在她对美国的研究中提出的一个主题，叫作“辽阔大地”[①]。

这片大陆有富足的时刻，也有严峻的时刻。然而，通过自然循环过程的修整，土地依然肥沃。树木粗壮、高耸入云，溪水清澈，四季分明，空气清新。人类和其他的生命体都有了合适的栖息之所。殖民者自始至终对这片土地都未有清醒明确的认识，其中一些人对这片土地持强烈的否定态度，视其为已被异教徒的灵魂所占据的场所。对另一些人来说，这片土地只需要被征服，并被置于人类和基督教的约束之下。土著居民对生活比对工作更感兴趣，这使传教士们深感不安：认为这些居民们在开发方面没有“使用”土地的倾向，在“进步”方面也没有动力，这些都是一种不可接受的颓废态度。

在这样的条件下，土地、动物和人类都无法繁荣发展。最早灭绝的生物是大海雀，纽芬兰的一种没有防御能力的鸟。几个世纪以来，这些鸟的数量多得令人难以置信，它们为成千上万的水手提供了食物补给，如果适当进行规划，这些资源本来可以无限期、源源不断地为他们提供营养。然而，在大自然所能承受的范围之外进行开发的动力持续存在，导致到了19世纪中叶，这个庞大的海雀群便已经永远地消失了。旅鸽曾经是数量极多的鸟类之一，然而到了1915年，也已被猎杀殆尽。这片大陆的水牛数量曾经高达6000万头，却在美国内战后几年内就濒临灭绝。

---

① 安妮特·科罗德尼，美国女权文学批评家，她的该作品全名为 *The Lay of the Land: Metaphor as Experience and History in American Life and Letters*。——译者注

早在这一切发生之前，威廉·斯特里克兰（William Strickland）在其 1794—1795 年沿哈德逊河的旅行记载中就曾描述过这种对土地的态度。他提到了来到这个地区的定居者的以下情形：

> 对在他很不巧也不幸定居的地方所存在的创作作品感到厌恶。首先，他驱赶或摧毁了更人性化的野蛮人，即土地的合法所有人；其次，他轻率地、贪婪地消灭了所有能给人类带来福祉或维持生计的动物；再次，他铲除了覆盖和装饰这片土地的森林，以及对除了他自己之外的其他人最有价值的一切；最后，他耗尽并毁掉了土壤，他曾经犯下的毁灭罪行往往会迎来他自身的毁灭，因为此时，他已回落到最初的贫瘠，于是他只能动身出发，继续出击，不断拓宽疆域，重新吞噬一个新的区域……这一天似乎并不遥远，因为美国最近一片未被破坏的森林，其木材供应量的状况将比欧洲大多数的古老国家都要差。（Strickland，*Journal*，pp. 146 – 147）

斯特里克兰的描述是相较于赫尔曼·梅尔维尔（Herman Melville）在《白鲸》（*Moby-Dick*）中描写的对自然界掠夺的一个稍显逊色的版本。《白鲸》的故事讲述了亚哈（Ahab）船长对大白鲸的穷追不舍。欧洲殖民者的基本态度是，这块大陆是为人类而存在的。殖民者认为在这片他们不甚了解的大陆中学不到什么有价值的东西。他们的学校教育是地中海 – 欧洲的传统，希腊和拉丁世界给予了他们文化，圣经中的基督教传统为他们的生活提供了精神意义。他们的法学，特别是将私有财产视为一项绝对人权的观念，来自约翰·洛克（John Locke），而自然界本身并没有权利。定居者甚至无法想象，他们对这片大陆的过度开发最终会给自己带来灾难性的后果。

只有少数欧洲人能看出，入侵的民族正在扰乱这片大陆的基本结构和功能。普遍盛行的理想观念是将民族居住地交由上流社会人士进行结构规划，这个阶层将会不遗余力地开发这片土地。因此，他们在纽约州北部的乡野地区动工处置了由皇室赞助的地产。

在欧洲世界受到迫害的宗教团体在新世界中重现了在欧洲存在的对彼此的宗教对抗。然而，这片大陆如此之大，各种宗教团体可以完全独立，他们最终在这里找到了免受迫害的自由和他们孜孜以求的开启新生活的机会。如果他们是流亡者，他们可以接受任何苦难，只要他们能够继续他们的宗教信仰。

定居者的内心态度和历史境遇都表明，他们的新境遇不会产生重大的宗教体验。这即将发生的一切将是对他们那源于圣经和欧洲发达的宗教的一种背叛。他们无法理解，为何未能做到与土地融合将导致这片大陆的毁灭。他们的人类精神形成于他们到来之前，来时被认为拥有世界上最好的宗教、最高的智力、审美、道德发展，以及最好的法学，而他们所谓的“需要这片大陆”，仅仅是将其作为一个政治避难所和一个亟待开发的地区。

后来，随着陆续到来的人们占领了这片大陆，各种新发现层出不穷。人们获得了新能源，发明了轮船，修建了铁路。到19世纪中叶，现代工厂和制造工艺的进程开启。从域外来的人越来越多，那些来到这里的人很快就在这片大陆所具有的肥沃土壤、木材、铁矿石、煤炭、石油、黄金和其他金属中发现了其富饶之处，这些金属在19世纪末工业世界开始形成时便已可以获取。

定居者们在寻找土地和财富，甚至不惜牺牲这片大陆本身的福祉。这种对土地的开发和对野生动物的毁灭性对待的态度在很久以后新闻记者查尔斯·柯翰默（Charles Krauthammer）的作品中得到了体现，他在《时代》杂志的一篇社论中写到了关于保护斑点猫头鹰的争议："大自然是我们的被监护人，而不是我们的主人。它应该被尊重，甚至被培育。但这是人类的世界，当人类必须在自身福祉和大自然福祉之间做出选择时，大自然就必须妥协……只有当人类的命运和自然的命运密不可分时，人类才应适当调整。无论何时，原则都是一样的；保护环境，因为这是人类的环境。"（*Time*，17 June 1991，p. 82）

这句话引出了两种对自然界的抗争态度。对于土著居民和那些在古典文明创立时期的人来说，自然界是一种赋予所有存在以意义的神圣表现。无论处于何种文化复杂程度的人类社会，都通过将人类活动融入季节轮回的重大转变时刻以及从日出到日落的日夜循环中，发现了它们的真正意义。人类社会参与到了这些不曾停歇的转变过程中。他们只是机敏地认可了这种精神存在遍及整个自然界。自然界提供了人类的自然和超自然的需求。这些都是在同一时刻，出于同样的原因赋予人类的形影不离的礼物。

正如欧洲人所看到的，这片大陆通过贸易和商业以及通过殖民者更直接的个人和家庭需求而为人类服务。他们没有从这片大陆学习到任何精神层面的知识，这其中的关键问题在于他们仅将土地视为使用对象。这种态度不仅是两个人类群体在某些土地所有权或政治统治上的冲突，也是历史上最以人类为中心的文化与最以自然为中心的文化的冲突。这是一种超越一切现象存在方式的一神论的个人神与被视为自然现象内无所不在的“伟大神灵”[1] 之间的冲突。这是一个受历史命运感驱使的民族与一个生活在不断更新现象的永恒世界中的民族之间的冲突。这是一个对结核病、白喉、麻疹有一定免疫力的民族与一个没有这种免疫力的民族的冲突。几个世纪以来，这种冲突成了一个在城市工业制造业中掌握高度熟练技能的民族与一个在部落狩猎和耕种方面掌握熟练技艺的民族之间的冲突，而部落民族仍然能欣赏并享受存在于人类社会与自然界之间的整体统一关系。

这种源于欧洲的人类中心主义是阻碍与这个大陆或其各民族居民建立任何亲密关系的不可逾越的困难。这种西方意识观念取向有四重起源：希腊文化传统、圣经基督教宗教传统、英国政治法律传统和与商人阶级新生力量相关的经济传统。在文化、宗教、政治和经济方面，殖民者与自然存在着断层。人类超越了自然界，被认为是这片土地的统治者。

这就是为什么北美大陆变得极易受到欧洲人的猛烈攻击的原因。对欧洲定居者来说，这块大陆没有神圣的意义。它没有固有的权利，也无法逃避经济上的过度开发。该大陆的其他组成部分的成员不能与人类一起被纳入一个完整的大陆共同体。欧洲人的存在与其说是占领，不如说是掠夺。

对这种态度的批判来自博物学作家、诗人和艺术家，偶尔也出自牧师的一些著作和布道，如对于乔纳森·爱德华兹（Jonathan Edwards，1703—1758）来说，所有的创作都展示着神的荣耀。然而，这些批评相对于贯穿这一时期的美国思想和文化的基

---

① Great Spirit，伟大神灵。——译者注

本取向来说是次要的。即使是超验主义散文家的灵感，也不像人们有时所想的那样受到这片大陆的激发。在所列举的四个生活领域（文化、宗教、政治和经济），文化传承深深地印在美国人的灵魂深处，深深地印在文化的潜意识深处，即使到了现在也无法以任何有效的方式对这些人类努力的领域进行批判。我们视自身为时代的追崇者，摆脱了迷信，进入了知识启蒙的最高境界。

我们全心专注于这项神圣的对这片大陆进行商业开发的职责，甚至可以在我们所做的事情中体验到一种崇高的精神升华。即便是现在，成为一名企业家有时也被当作一种宗教“成就仪式”[①] 来体验。当一位曾受过几种不同的宗教传统影响的成功的商人被问及“你的哪一段经历给了你最大的精神力量”？他回答道：“是创业精神。显然，当我成为一名企业家时，我既往所做皆为空[②]。”在被继续追问具体含义时，他说道：“没有行动，只有空谈。[③] 当我将自己定义为一名企业家的时候，我将自己的金钱、精力和时间全部投入我曾经憧憬的经济版图构建中，然而却只看到自己做出了前所未有的错误行径。”（*The Tarrytow Letter*, May 1984, p. 14）。

然而，在欧洲人到来的几个世纪后，我们开始重新审视我们自身的处境。环顾四周，我们看到的是一片原始森林遭到严重破坏的大陆。空气被化石燃料发电系统的残留物污染；土壤被化学肥料腐蚀；河流被用来灌溉和进行水力发电，被径流污染（因

---

① rite of passage，（标志人生重要阶段的）通过仪式，重大事件。——译者注

② 此处原文为 NATO，于是有了下面的追问。——译者注

③ No action—talk only，呼应上文的 NATO。——译者注

为径流被肥料、除草剂，农业中所使用的杀虫剂，以及淘金时所使用的汞污染之后，汇入河流)。1999 年 3 月，环境保护法案将九种鲑鱼列为濒临灭绝的物种，原因是河流污染和径流被来自下水道的污物和化肥残留的化学物质所污染，以及水坝的修建完全封闭了通往鲑鱼繁殖地的古老河道，还有一些工厂的船只在返回途中打捞了大量的洄游鲑鱼。北大西洋巨大的鱼群也在消失。世界资源研究所出版的《世界资源报告（1998—1999)》一书中对全球渔业资源的调查显示，“世界渔业面临着严峻的前景。45 年来，捕捞压力不断增大，致使许多主要鱼类资源枯竭或减产”，“仅在 9 年的时间里，便由于过度捕捞鱼群致使捕捞量下降了 40%”。同时该书还指出，大西洋鳕鱼、黑线鳕和蓝鳍金枪鱼在 1966 年被世界自然保护联盟列为“其生存在某种程度上受到威胁的物种”。

渔业所面临的情况只是我们在进入 21 世纪后不断涌现的且必须处理的诸多复杂问题之一。然而，我们所造成的损害已经在这片土地上成为不争的事实。我们已经占领了这片大陆，但却发现自己失去了曾经在身边随处可见、伸手可及的生命资源。草原上肥沃的土壤原本厚厚地覆盖在地球上，但现在已经流失了 1/3。清澈、纯净的生命之泉被污染后呈现出了毒性，西部平原地下的含水层也几近枯竭。

我们不妨仔细认真地反思这些场景，直到我们渐渐对所发生的事情有了某种深层领悟，然后再次开启梦想。这一次是一个更为自然、和谐的梦想，一个由人类和在北美大陆上除人类以外的所有成员组成的统一共同体所向往的共同梦想。

第 5 章 野性与神圣

为了理解人类在地球运转中的作用，我们要理解自然界中各种存在形式的自发性，即我们与野性生命形式相关的自发性，这是人类支配力所无法控制的。如果我们认为我们的历史使命是“文明化”或“驯化”这颗星球，那就误解了自己的角色，正如将荒野视作破坏性的存在，而不是某种形式的地球生物的终极创造形态。我们来到这里并不是为了控制，而是为了融入更大的地球共同体。这个共同体本身和它的每一个成员最终都有一个野性的组成部分，一种创造性的自发，这是它最深刻的现实、最深远的奥秘。

当黎明从晨霭中显现，我们也许会反思这种对野性和文明的意识。在这样的时刻，世界弥漫着一种静谧，一幕沉思，一段从黑夜到白昼的宁静过渡。当白昼渐渐消逝，黑夜进入它的神秘深处时，这种体验随着夜晚回应清晨而逐渐加深。我们异常清醒地认识到，在这样的转变时刻，周围的世界已经不受人类的控制。在人类生命的过渡阶段也是如此；我们面对出生、成年和死亡之时不禁沉思，人类存在于一个比自身世界更为神秘的世界。

我之所以想到这些，是因为我们逐渐发现人类在不同秩序中的重要的影响力。地球在其多样性和辉煌的自我表达中获得了前所未有的宏伟建树时，我们正经历着地球生命系统的解体。这一时刻值得人类给予特别关注，因为正是人类自身造成了地球的这种解体，这种解体方式在纵观整个46亿年的地球历史中，从未出现过。

我们从未想过自己能对地球的结构造成损害，也不认为自己能消灭曾赋予了地球独特壮观景象的各种生命形式。在努力将地球纳入人类的控制之时，我们实际上终结了新生代——那个地球生命发展的诗情画意的抒情期。

如果说黎明和黄昏、出生和死亡、四季更迭等都是非常重要的时刻，那么，当我们目睹地球新生代的终结并迎来生命复苏的生态纪时，这一刻将是多么的更加令人叹为观止！如果我们想在人类活动的所有领域中重塑神圣感，那么这种反思就显得尤为紧迫。因为只有当我们以超越人类自身的视角去欣赏宇宙，将其视为对万物诞生的神圣存在的一种启示性体验时，才能恢复我们的惊奇和神圣的感官体验。事实上，宇宙是最原始的神圣现实，我们因参与了这个更为崇高壮丽的世界而变得神圣。

宇宙自身承载着每一种精神活动和物质活动的真实性准则，精神和物质是宇宙本身作为单一现实的两个维度。所有这些都有一种终极的野性原则，因为宇宙作为存在本身，是一种既骇人又仁慈的存在。如果它赋予我们超越它自身大部分功能的惊人的力量，那么我们就必须永远记住，人类在这方面的任何傲慢最终都会因为被追究责任而付出代价。在所有人类活动中，智慧都起源于对原始神秘存在的某种敬畏，因为我们周围的世界是一种令人生畏的存在模式。事实上并非我们在评判宇宙，而是宇宙在评判我们。当我们孤身在森林里尤其是刚好还是黑夜时，当我们乘坐一艘小船离开陆地出海一时失去方向感时，我们便在“野性”中经历了这种评判。这种野性在撼动大陆的地震中展现，也在形成于加勒比海并席卷整片陆地的飓风中展现。

我们时常认为可以驯化这个世界，因为有时看起来似乎的确是可以做到的，也因为我们有能力唤起隐藏在微小原子核中的那种巨大能量。然而，当我们侵入这个最深层、最神秘的物质维度时，大自然却向我们施展出了它最致命的威力，这是我们无法应对的野性的力量，这种力量使我们畏惧，唯恐我们把地球变成一个万物贫瘠之地。

我谈到了生存的野性维度和与野性相关的敬畏与恐惧，因为生命、存在和艺术本身正是发源于此。当梭罗（Thoreau）在他关于行走的文章中写道，“野性之地是世界的保护区”，他便表达了人类活动中最为卓越的观点。据我所知，没有比这更全面的对文明的批判了。在过去的一万年中，人们为了将自然界置于人类的控制之下付出了巨大的努力。这种努力甚至会驯服人类自身的内在野性，但也最终会将人类巨大的创造力削减为微不足道的表达方式。

我们可以认为野性是任何生命体真正自发性的根源。它是本能活动创造力永不枯竭的源泉，使所有生物都能获得食物、找到栖身之所、繁衍后代、唱歌跳舞、翱翔天空、遨游深海。也正是同样的内部动力，激发了诗人的灵感、艺术家的技艺和萨满的能力。人类灵魂深处的某种野性在经历大自然的狂暴时刻时成就了自己。

正如飓风“安德鲁”过后，一位女士在佛罗里达团体聚会时所说的，她并不认为自己是受害者，而是认为自己是这场野性活动的创造性和破坏性的深度参与者。她坚称，飓风告诉了我们一些事情。它告诉我们，如果我们想住在这个地区，应该如何建造我们的房子。它告诉我们要正视风和海，而且要明确一个事实：如果住在这里，就必须遵守这个地方更深层次的法则，那是一种任何人类聚居区都不能无视的法则。如果我们愿意的话，我们就可以住在这里，但条件是要被人类以外的力量所支配。飓风有它自己的内在规则，它的存在本身就是为了满足该区域的需要。我们必须明白应该如何创造性地参与我们所处世界的野性生活，因为更大的愿景一定源自宇宙和我们自身的野性深处。

如果仅将野性视为随机的活动或动荡混乱，那么我们就误解了野性。在整个世界中存在着一种规则，它以创造性的活动模式约束着宇宙的能量，但人类无法即时感知这一规则。发展初期的宇宙似乎是野性的、无目的的，在最初瞬间的膨胀分化过程中从无穷无尽的深渊中喷涌而出。那时，存在的所有能量都以辐射的形式爆发出来，这对于人类来说太过神秘以致很难透彻理解。然而，当这种能量以物质的形式表现出来时，每个生命之间就产生了基本的有序关联，即引力，而这是宇宙宏大规模中的基本规则。

引力的这种相互吸引和相互牵制的关系，也许是艺术学科的第一种表现形式和原始模式。它给宇宙最初的感觉是像自己在家一样的随意，但却陷入了对自己任何最终表现的深刻不满之中。由此，我们可以这样理解，野性和规则性是宇宙的两种构成力量，扩张力和约束力被束缚在一个宇宙中，并且在宇宙中的每一个存在物中表现出来。

这也是地球这颗星球的终极奥秘。起初，太阳系以太阳为中心聚集在一起，周围是九个形成了行星的星际碎片群，我们每晚在夜空中观察到的这些行星都是由相同物质组成的。然而火星变成了异常坚硬的岩石而无液态物质，木星仍然是燃烧的炽热气体而无坚硬的物质。

只有地球成了一个有生命的星球，充满了我们在整个自然界中观察到的无数各种各样的地质结构和生物构造。只有地球在创造力所必需的混乱和有序之间取得了创造性的平衡。过多的规则压抑了火星的野性，过多的野性则扰乱了木星的规则，它们的创造力在此消彼长中消失殆尽。然而，这些力量的平衡会给创造力带来另一个障碍，因为平衡会产生一种失去创造力的凝态。宇宙通过建立以空间曲率为表现形式的创造性的失衡来解决这个问题，这种极具创造性的失衡被充分封闭以建立宇宙中的持久秩序，又被充分开放以使野性的创造过程得以持续。

我们主要以在宇宙中观察到的可理解的秩序来感知这种创造力。这就是哲学家的方式，这就是圣约翰（Saint John）在福音开始的序言中所说的“起初是道”[①]，即秩序和感知的规则。在宇宙的不平衡中，在精神世界中，在万物的野性中，在深夜里进入我们灵魂的梦中，这个梦将人类灵魂与维系宇宙从而助其发展无限创造力的曲线的开放性相呼应，或许我们可以在上述物质中感知宇宙起源的力量。

---

① “In the beginning was the *Word*.”——译者注

艺术家的内心受野性的影响，但最终是受想象力的引导和启发，正如威廉·布莱克（William Blake）所说的“神圣的想象力”。艺术家沉迷于终极的事物失衡，哲学家最终受制于万物的平衡与和谐以及理性的推理，两者都是有效的，都是必需的。从开始到现在，宇宙就一直处在扩张力与约束力之间，没有人知道这种创造性的平衡何时会崩溃、是否会崩溃，或者是无限期地持续下去。因此，哲学家和艺术家都身处于两种可能性之间。

正是在这个神秘的平衡中，宇宙以及它所有的宏伟壮丽和可爱都变得可能。正是在这里，神圣的存在彰显了自己。正是这种勃勃生机，让星星能够穿越浩瀚星海，奋不顾身但仍姿态优雅，每一颗都与无数原始存在的闪耀碎片相关。音乐家们聆听着来自他们内心的狂野的旋律和曲调，体验着宇宙的力量。我们在约翰·塞巴斯蒂安·巴赫（Johann Sebastian Bach）的《D 小调托卡塔与赋格》中，在路德维希·范·贝多芬（Ludwig van Beethoven）的《英雄交响曲》中，在凡·高（Van Gogh）的《星月夜》中，都能找到这样的感觉。克劳德·莫奈（Claude Monet）用画笔再现了漂浮在一个深色小池塘上的睡莲的神秘特质时，也展现出了这样的魅力。那位眺望巴黎南部的田野，透过未来的迷雾看到沙特尔大教堂的建筑师，一定同样经历过那个野性与神圣在愿景中融合的瞬间。

在澳大利亚土著居民的梦幻画作中，类似的宇宙野性奇观的体验可以在稍小的规模上显现出来。在南部海洋中这片广袤大陆上的沙漠地带，一个民族体验着其所置身的宇宙，尤指其陆地的地形，堪称超自然存在或力量的梦境般的表达。他们的画作，由线条和圆点组成了无数种色彩斑斓且设计精妙的图案，这在西方传统中是难以想象的。这些画作将梦境描绘为摹绘风景和表达宇宙最深处精神的创造性力量。

澳大利亚的各土著民族曾经被认为完全缺乏与其他地方已知的最原始民族有关的知识或文化成就。他们只有当天的食物和极少的工具，没有衣服和固定的住所。然而，我们现在发现他们在理解和回应其周围世界的物质和精神的能力上取得了卓越的成就，最重要的事实是他们是生活在一个宇宙之中。

强调这一点似乎没有必要，因为每个人都生活在宇宙中，但我们很少真正去体验白天沐浴阳光、夜晚仰望星空的感受。我们几乎不去倾听风的声音，也几乎感觉不到清爽的雨，只有在环境给我们带来不便时才会想办法尽快逃离。在城市里，雪的纯净会很快被污浊所代替，因为空气中飘浮着带有人类排放的废气和残留物的空气分子。

机械世界使我们与所处世界的野性美疏离。然而，艺术的力量却可以赋予我们这个世界的琐碎和刻板一种虚妄的神秘魅力。试想，这使我们的世界能够避免被刻上模仿古典主义或褪色浪漫主义的印记，其结果是，仅仅通过不受约束的混乱，偶尔通过对琐事的详尽呈现，甚至通过所谓的个人陈述，从而回归自然，进而挑战任何传统的美的规则。

围绕阿巴拉契亚地区的景色，有从山川奔流入海的河流，有在这些环境中枝叶繁茂的树木，有歌声响彻山谷的鸟儿，所有这些都是在过去的 6500 万年中形成的。如果说这是一个无可匹敌的野性时期，那也可算是地球故事中的抒情时期。人类，也许只能在这样一个壮丽的时期出现，因为人类的内在生命直接依赖于大自然的外部世界。只有当人类的想象力被翱翔在天空中的飞鸟、绽放在大地的花朵、浩瀚无边的大海、冲破夏日热浪的暴风雨的雷电所激发，人类的灵魂才会激发内心深处的体会。

这些自然界的所有现象都在向人类发起挑战，人类应在文学、建筑、仪式、艺术、音乐、舞蹈和诗歌中都予以回应。自然界需要一种超越理性计算、超越哲学推理、超越科学洞察力的回应，也需要一种来自人类灵魂的无意识深处的回应，一种艺术家们在不断追寻并用色彩、音乐和运动来表达的回应。

我们所给予的回应必须有一种至高无上的创造力，因为地球故事中的新生代已随着日落西方而逐渐褪色。我们对未来的希望是一个崭新的黎明，一个生态的纪元，届时，人类将以一种相互成就的方式出现在地球上。

第6章 人类生存

我们要从以人为中心转向以地球为中心的现实和价值规范。只有这样，我们才能在赖以生存的星球上履行好人类的职责。太阳系中的地球是我们生存的星球，基于太阳的星系是我们自己的星系，银河系以外的宇宙是在大约150亿年以前形成的，其起源人类至今都无从知晓。

在考虑人类所从事的生产活动时，需要建立全面的思维观念和大局意识，只有这样，我们才能在不断发展变化的宇宙中追寻到真正适合人类生存的可行指向。宇宙在不断变换的序列中找到了不同的表现形式，其自身就是“那个”[①] 永恒的现实和“那个”[②] 永恒的价值。

通过展现地球多样的生命形式及其蕴含的人类智慧，宇宙发现了最详尽的表达和最深层的神秘表现形式。在其人类模式中，

---

① 原文中用斜体 the 来表达特指，因此译为“那个”。——译者注

② 同上。——译者注

宇宙以一种独一无二主动自我审视的方式实现了自我反思及自我颂扬。人类最早的文献揭示了人类对这一更大的生存环境从思维、情感和审美角度进行回应的特殊敏感性。宇宙、地球和人类互为中心。晚近者依赖于古早者而生存，而古早者则依靠晚近者来获得更详尽的展现。越是复杂的就越依赖于简单的，越是简单的就越表现于精细的。

人类本能地认为自己是宇宙的存在方式，而且是宇宙中与众不同的存在方式。于是，一切便从此开始了。人类的出现对地球和人类来说都是一个转变的时刻。与所有物种一样，人类也需要建立自己的生态位，在更大的生命共同体中保持可持续的地位以及一种获取衣食住行等资源的方式。人类需要安全感，需要家庭和共同体的大环境。对于人类来说，建立人类共同体尤为必要，因为人类具备能够明确表达思想和言论、审美鉴赏力、情感敏感性和道德判断的能力，而这些能力中没有一种能力作用的发挥不依赖于共同体的大背景。如果我们要说话，就要有人教会我们说话，也要有人倾听我们说的话。唱歌或创作音乐能达成个人的成就感，但如果我们能与他人分享或交流一些情感深处的感受，才是最令人欣慰的。因此，我们必须培养具备共同体角度的思维、诗歌和舞蹈，以成就一个世代历史性延续的共同体。这些因素在一种使人类具有辨识度特征的文化形态中结合在一起，这种文化形态通过人类的家庭养育和正式教育代代相传。

无论人类的文化体系有多精细复杂，其基本物质和精神的基础和支持都来自自然环境。当我们谈到自然界时，我们并非简单地谈论物质世界，而是谈论在现象世界的每一个明确表达的实体中都能够发现的精神-物质的存在模式。如果人类社会在其形成之初，并没有在由其所有地质和生物元素所组成的更大的地球共同体中发挥一些基本作用，那么人类根本不会生存下来。如果在人类社会早期，人类对其他生命形式施加了一定程度的压力，那么这是顺应事物发展的，因为这种压力发生在相互关系的物种的一般规则中。

一旦认识到需要从以人为中心向以地球为中心的现实和价值规范转变，我们就可能会问，这是如何实现以及如何发挥作用的？对于这一点，我们可以从认识"生命共同体，包括人类在内的所有生物物种的共同体，是更大的现实和更大的价值"这一事实开始。即便只是为了自身的生存，人类共同体的首要关注点也必须是维护和增强这个综合性的共同体。

人类的确有自己独特的现实和独一无二的价值，但这些必须在更全面的背景下加以清晰阐述。最终，人类在这个共同体大环境中找到了自己的存在性。认为对一方的增强是通过削弱另一方来实现的，这种想法只是一种错觉。然而事实上，这正是当今工业时代的一种巨大错觉，工业时代通过掠夺地球的地质和生物结构及功能来谋求人类福祉。

与这种对自然界的开发利用相反的是在行星发展进程中尝试建立一个更适合人类发展的大环境的生态运动。我们必须清楚地意识到，这一生存可行性并不是一劳永逸的，相反，这将是关于充满无限可能的未来的永无结论的问题。诚然，我们当前正亲身经历人类——地球状况的空前转变，现在这颗数千年来自治的星球的未来基本上已经确定由人类的决定来掌控。然而，一旦我们冒险步入实证科学及其相关科技的道路，那么这就是人类共同体所肩负的责任。在这个过程中，不论有怎样的裨益，我们都会危及人类自身和地球上的其他生命，因为我们改变了整颗星球的运转模式。

回顾地球发展的整个历程，我们会发现，数十亿年来，在地球发展的史大的弧度运动轨迹上，生命的过程有一个连续的繁盛期。在地质和生物领域都发生过无数的灾难性事件，但没有一个能像我们目前所经历的这样引起强烈的不乐观的预感。尽管许多更为复杂的生命表现形式可以永久地被消除，但生命绝不会灭绝。现在真正威胁我们的是这颗星球的生态恶化，这种恶化涉及全面的扭曲和遍及这颗星球的整个生命系统的普遍衰败。

这种恶化是由对人类存在的先天局限性的排斥以及为了建造人类奇妙世界而擅自更改这颗星球的自然运转而付出的精力造成的，因此，我们必须努力在自然界的有机运转中创造性地生活，以抵制这一破坏性进程。地球作为一个充满生物灵性的星球，必须成为我们确定自己未来的基本指向。

目前，我们有生态学家和大量的生态组织站在工业、商业和金融公司的对立面，捍卫一种行星演化进程中具有可行性的人类生存模式。工商企业家与生态学家之间的这种对立可以视为21世纪人类中心问题和地球中心问题。很明显，工业为了创造一个精彩世界付出了长达几个世纪的努力，但事实上，我们正在创造的却是一个某种意义上的荒芜世界，一个不具有可行性的人类生存模式。自然界真正的奇妙世界，无论其自身如何艰险苦困，都可以成为一种人类生存模式的大环境。目前的困境在于金融和工业组织对这颗星球几乎拥有了全面的掌控权，种种证据表明，根本性的变革将是极其困难的。

在明确了所面临困难的影响后，我们要对所有问题本身进行细致的分析，而后，为在这颗宜居星球上打造具有可行性的人类生存环境提供具体的计划。为此，我首先将工业企业家掌控的现状分析提供如下，然后再提供实现可生存人类环境的其他建议。

就**自然资源**[①]而言，工业、商业和金融公司在附庸于各种公司企业的政府的支持下直接或间接地掌控着这颗星球。当然，这种控制力是有限的。这颗星球上的零散区域已经被标出，或者即将被作为自然状态下的保护区，或者被作为以后的开发区而保留下来。然而，这些地区本身往往是在这些具有掌控权的公司的允许下才得以保留的。

对生态学家来说，将这颗星球沦为工业社会供消费者使用的资源基地是难以接受的。在这种状况下，这颗星球及其所有组成部分都将沦为商品，其存在的意义仅仅是为了给人类提供可供消耗的资源。随着金钱和功利价值观优先于精神追求、审美和情感，我们对意义世界的更人性化的体验也相应地减少。同理，自然界要想达到全面辉煌的复苏，不仅需要一个新的经济体系，还需要人类做到精神体验的深层转变。

我们现在的状况是一种文化定式、一种沉迷、一种情感麻木的结果，而这些都无法通过任何快速的人为调整方式来弥补。大自然已经遭到严重的破坏，这在许多情况下是不可逆转的。治愈往往是可行的，有时也可以焕发新的生机，但这离不开强烈的关注和持续的行动的动力，那种正如当初造成损害的行动一样的动力。如果没有这种疗愈，人类生存可行性在任何可接受的水平上

---

① 原文 natural resources 为斜体，译文同为突出强调，设置为黑体。后文的黑体字与此相同。——译者注

是否能够实现仍然是个问题。

就**法律**而言，美国法学的基本取向是个人的人权和为人类掌控和使用而存在的自然界。对于工商界来说，自然界没有在这个巨大共同体中生存、居住或自由生存的固有权利。然而，即使对于现代工业世界来说，如果不承认自然界的这些固有权利具有法律地位，那也不可能有可持续的未来。因此，我们必须以一种比以往西方社会更有意义的方式重新认识个人或机构对地球的掌控。

有人天真地认为，自然界可供人类无限制地使用和占有，这种假想是不可接受的。地球属于自己，属于地球共同体的所有成员。地球作为一个关于生命存在的庆典主体矗立于此，时刻彰显着其所有令人着迷的特质。每一个地球生命体都作为其力量表达的恰当展现参与了这一宇宙庆典。在大多数传统文化中，把地球物化为主要供人类占有和使用的资源这种态度是令人难以置信的。然而，对《创新与企业家精神》（*Innovation and Entrepreneurship*）一书的作者彼得·德鲁克（Peter Drucker）来说，企业家创造了资源和价值观。在它被占有和使用之前，“每一种植物都是杂草，每一种矿物都只不过是另一块岩石”（Drucker，p. 38）。在这种环境中，人的占有和使用是激活任何自然物质的真正高贵品质的因素。

为了实现一个可行的人类－地球关系，一个新的法学理论必须把它的首要任务设定为阐明地球演化进程整体运转的条件，并特别提及建立相互促进的人类－地球关系。在这样的环境中，地球的各个组成部分——土地、水、空气和复杂的生命系统——都将成为共享资源。它们将共同构成“地球伟大共同体”[1] 的完整统一的表现形式，按照地球共同体所有成员的需求来共享。

在这样的环境中，地球共同体的每个个体都得到了其他个体的支持。进而，每个个体都能为生存共同体中其他个体的福祉做出贡献。在建立这种创造性复杂关系时，公平正义得以实现。在人类共同体中，我们需要阐明承认和捍卫个人以及群体权利的社会关系模式。尽管所有权意识应该得到保护，人身安全和人身安全的基本要素也都应当受到保护；尽管所有权意识只是一种有限的个人与财产关系，财产安全和共同体的福祉以及所有人的福祉也应当酌情被加以利用。政治和社会机构的整体复杂体系的建立将是必要的，甚至还需要成立经济组织，但这些都将与更大的地球经济体密不可分，它们将相互促进而不是相互阻碍。

当代生活的另一个重要层面是企业家占据主导地位的**语言**。由于我们身处一种工业文化和消费经济之中，我们所使用的词语在这种文化中有其特定意义和有效性。我们的社会使用的一个中心价值观词语是“发展”[2]。这个词对于我们加深对宇宙的科学认识、加速个人和社会的发展、促进健康和长寿而言具有广泛的意义。通过现代技术，我们可以用更大的设备大规模制造更多的产品，也可以更快更轻松地旅行，所以我们继续无休止地前进，感觉一切都很好。

但后来我们看到，人类的进步是通过破坏自然界来实现的。地球的这种“恶化”被视为人类“进步”的条件。莱斯特·布

---

① 原文中为“Great Commons of the planet Earth”。——译者注

② 原文中为 progress，此处译作“发展”。——译者注

朗（Lester Brown）在《重要征象：塑造未来的趋势》[1] 年报中概述了世界形势，他开宗明义地说道："今天的世界比以往任何时候都更温暖、更拥挤、更城市化、经济更富裕、环境更贫瘠。"（Brown，p. 15）地球是一种用于献祭的供品。然而，在人类共同体中，很少有人意识到，地球在季节更迭的旋律中完整统一的生存发展不仅是人类进步的条件，也是人类生存的条件。生态学家常常不知所措，不知该如何前进；表达我们价值观的语言已被工业组织所同化，并与最荒唐的商业广告模式一起使用，以创造那个现代工业人民生活的虚幻世界。

生态学家最重要的角色之一是创造一种语言，在这种语言中，真实的现实感、价值感和进步感可以被传达给我们的社会。中国人很早就认识到，要纠正与现实有关的语言，这是任何可以

① 原文中为 *Vital Signs*，此处按照全称 *Vital Signs: The Trends That Are Shaping Our Future* 来翻译。——译者注

接受的社会指导的首要任务（*Analects* XIII：11）[①]。就在此时，这个术语“进步”需要纠正。从某种意义上说，“进步”是指缓解人类自诞生以来就经历的痛苦，然而，这种进步感正被用作一种借口，为了金钱利益而对地球实施极大的破坏，即使这种破坏的后果造成了人类精神和物质上新的苦难。

“利润”这一术语需要纠正。按什么标准盈利，为谁盈利？公司的利润就是地球的亏损。工业企业的利润，不管它有什么好处，都可以被看作生活质量上的缺陷，所以，我们需要重新审视我们的整个语言体系。

有些关于“性别”的问题需要正视。工业体系是父权制传统的极端表现，无论是统治者对人民、男人对女人、人类对自

---

① 虽然此处标有出处——《论语》，但书后参考文献中未找到相应著作和版本，故无法根据文内标注进行确切的出处查询。此处对应的《论语·子路篇》中的内容可能是：“子路曰：‘卫君待子而为政，子将奚先？’子曰：‘必也正名乎！’子路曰：‘有是哉，子之迂也！奚其正？’子曰：‘野哉由也！君子于其所不知，盖阙如也。名不正，则言不顺；言不顺，则事不成；事不成，则礼乐不兴；礼乐不兴，则刑罚不中；刑罚不中，则民无所措手足。故君子名之必可言也，言之必可行也。君子于其言，无所苟而已矣。’”

译文是：“子路对孔子说：‘卫国的国君等着您去治理国政，您准备先做什么？’孔子说：‘必须先正名分！’子路说：‘有这样做的吗？你未免过于迂腐了！没有必要先正名分吧？’孔子说：‘这太冒昧了！君子对于他所不了解的事物，要谨言慎行。名分不正的话，说话的底气就不足；说话的底气不足，就办不成事；办不成事，礼乐制度就无法建立；礼乐制度无法建立，刑罚规则就无法妥善制定；刑罚规则不合适，民众就会无所适从。因此，君子一定要有合理的名分，确立了名分，才能够顺利行事。君子对于自己的言辞，不能够粗心马虎。’”

因此，此处并无完全契合的《论语》内容，只是对应了为政需先正名的相关言论。——译者注

然，都体现了它无所不在的掌控感。只有通过巨大的精神和社会努力以及革命进程，这种父权制对妇女权利的控制才会得以缓解。自然界生物的权利仍然由现代工业公司支配，因为这是父权统治整个行星演化进程的终极体现。

而后我们也开始承认社会中少数民族和贫困阶层的权利。对于生态学家来说，所有存在的伟大模式都是自然生态系统，这是一个共同体的自治模式，其中每个组成部分都有其独特的权利及广泛的影响。人类滋养着这个以地球生命的地质和生物模式运转的更大的共同体，生态学家对此有着深刻的理解，因此他们支持更近似女性的人类活动方式而不是男性存在和活动方式。

就**教育**而言，目前设想的教育目的是使人们能够在工业社会中“富有成效”。在这个体系中，无论是在原材料的获取或加工、制造、以商业盈利的方式分销产品、管理分销过程或金融财务中，还是最终将净收入用于获取和享受所得，一个人都必须具备读写能力才能履行某些职能。一个完整的生命过程在工业程序中得到孕育。现在，所有的职业生涯都在工商业组织中发挥作用，甚至包括教育、医疗和法律。

在这个可行的人类生存方式的新环境中，自然界本身就是主要的教育者、主要的立法者和主要的治疗者。完整统一的地球共同体在自觉自学的宇宙中将是一个自觉自学的共同体。人类层面的教育将使人类意识到宇宙、日月星辰、云雨、地球轮廓及其所有生命形式所做的交流都具有深远意义。

宇宙的音乐和诗歌如涓涓细流汇入学生心中，培养了学生深刻的存在神秘感和对大陆上的建筑的鉴赏力；使他们真切感受到地球鬼斧神工般地通过水文循环形成适合人类生存的温度和居住环境以及滋养了无数鲜活的生命。

对自然界的认知应该与所有人类活动联系起来，地球应是我们工业和经济的重要的老师，它将教会我们建立一个包含最小无用或无效废弃量的系统，在这个系统中，我们将创造一个最小的无序状态。这就是约翰·托德和南希·托德（John and Nancy Todd）在设计回收废水的“生命机器”时升级加工成的废弃物处理系统。这个系统是通过人工湿地实现的，植物可以吸收废弃物中的有毒元素，这样的湿地已经在数个新英格兰城市中发挥了积极作用。

在此，我们还要感谢米里亚姆·特蕾丝·麦克吉利斯（Miriam Therese MacGillis）在创世纪农场的工作。这涉及一个社区支持型农业（community supported agriculture）项目，该项目以自给自足型经济模式建立了当地社区与该地区的完整统一关系。我们还要提到纽约保罗·曼凯维奇和朱莉·曼凯维奇（Paul and Julie Mankiewicz）的城市园艺项目，北部大平原地区弗雷德·基申曼（Fred Kirschenmann）的大型有机农业项目，科罗拉多州斯诺马斯地区洛基山研究所阿莫里·洛文斯和亨特·洛文斯（Amory and Hunter Lovins）的可再生能源项目的教学和示范。阿莫里·洛文斯的《软能源之路》（*Soft Energy Paths*）是一部经典的参考书。温德尔·贝里（Wendell Berry）以他的农场为例，在他的《美国文化与农业的不安》（*The Unsettling of America: Culture and Agriculture*）一书中提供了极好的例证以证明在所定居的某一片土地上要做与大环境整体统一相适应的事。

在城市建筑方面，理查德·瑞杰斯特（Richard Register）赞助了四次有关这一主题的国际会议，做出了卓越的贡献。他的

《生态城市伯克利》（*Eco-City Berkeley*）提供了一些卓有成效的可能性的迹象。其他人，如彼得·伯格（Peter Berg）在他的著作中，为大都市生活的更新提供了方案和指导。21 世纪已经重建了作为一个居住共同体的完整统一性的库里蒂巴是现代大都市改造最好的范例之一。库里蒂巴人口约有 200 万，位于巴西南部，距海岸 70 英里的内陆地区，他们将内城区作为一个生活区，在那里举行庆祝活动可以提供给任何居住共同体所需的生活乐趣，从而使该城发展成为一个具备生存可行性的现代城市。最重要的是，一种共同的生活方式使库里蒂巴极具特色，据估计，库里蒂巴的人均公共支出约为底特律人均开支的 1/10。

关于我们与周围环境的关系，以及与自然界融为一体的必要性，我们可以说得更多，但这足以为在一个生态友好的教育体系中思考周围世界而创造一个大环境。这种教育惠及每一个人，自出生起直至生命终结，即从地球将我们带到这个世界上来至地球召唤我们每个人回到那最神秘的深处。

从我们建立一个可生存的未来的角度来看，一个新的生存环境也将包含**医疗行业**的环境。人类疾病的问题不仅愈加严重，而且正因工业生活环境而改变其本质。在过去的几个世纪里，人类疾病是在自然界的富裕资源中经历的，那里有丰富的空气和水，以及生长在肥沃土壤中的食物。

即使是自然环境恶化的城市居民也能依赖于自然元素的净化过程。污染物质本身经历自然腐烂分解和再吸收，进入生命不断更新的循环过程，但这一切已经不再是事实，净化过程已经被有毒、非生物降解材料的巨大体量、污染成分和广泛程度所破坏。除此之外，自然世界的生物规律被强加在自然过程中的机械模式所抑制，无法发挥作用。

医疗行业现在必须关注它的作用，不仅在人类社会的环境中，还在地球进程的背景下。治愈地球是治愈人类的先决条件。人类适应自然界的条件和约束，是人类健康的基本医疗处方。如果人类要作为物种共同体中的一个物种生存下来，医疗行业就要建立一种持续性的物种和个体的生存方式。

在地球进程长期受到干扰的背后，是西方工业社会拒绝接受对其寻求解脱的必要限制，这种解脱不仅是指使人类从所罹患的普通疾病的支配中解脱，而且是指从人类自身条件的约束中解脱。我们的传统中隐藏着一种对那些限制人类活动的内部力量和外部力量的愤怒。

西方的精神世界中，有一些古老力量似乎认为，限制是一种有待消除的恶魔般的障碍，而不是一种强化的纪律。接受自然界的挑战是与自然界建立创造性亲密关系的基本条件。如果没有宇宙的这种不可捉摸甚至是具有威胁性的一面，我们将失去人类创造能量的最大来源。这种对立的因素对我们来说是必要的，就像我们周围大气的重量一样。这种抑制因素，甚至是将我们与地球牢牢绑在一起的引力，都应该被理解为解放和激励，而不是限制。

令人奇怪的是，我们正在努力建立一个完全卫生的世界，结果却导致形成了我们这个充满毒性的世界。我们对完美世界的追求是在制造废弃物世界。我们对能量的追求是在创造一种前所未有的无序状态。我们已经创造了一个适得其反的社会，这个社会现在陷入了一个循环之中，目前可以被认为情况已经失控并已反作用于自身。

媒体和广告尤其应该为此负责，因其将人的整个生命过程局限于生产者和消费者不断加速的反作用转化过程中。现在，全世界许多基本生产资料严重过剩，同时，身处贫民窟的大量居民正在经历极度的贫困。

尽管人们越来越频繁地提到环境问题，但在公开发行量很大的报纸或者是新闻周刊中，却很少出现一个始终关注生态环境的专栏。虽然政治、经济、体育、艺术、科学、教育、食品、娱乐和许多其他生活领域都有固定的报道版块，但只有在极少数情况下，这些刊物才会登载关于这颗星球上正在发生的事情的重要文章。

这些期刊当然是由大型工业组织所支持的。媒体对地球上受干扰的生命系统的关注被认为是对工业企业的威胁或制约。在这种情况下，工商业对媒体报道的控制成为阻碍任何拯救这颗正在解体的星球的行动的最大力量之一。

改变这些工商业组织的运作方式，努力减少有毒废弃物的排放量，更加有效地储存或分解废弃物，有助于减轻这种工商业组织生产过程所产生的后果。然而，就这些问题的严重性而言，所有这些都是微不足道的。政府的监管努力也是如此，一直以来都在用解决微观层面问题的方法解决宏观层面的问题。

我们还看到，有一些国家，在热带雨林每年都在遭到破坏的同时，其为保护野生动物栖息地所做的努力是悲壮的。在纠正我们目前破坏性活动的努力中，有一些对抗性团体，如绿色和平组织、海洋守护者协会和地球优先等环保团体。这些都是将严峻现实触目惊心地呈现出来的勇敢的冒险。我们需要这样的策略来迫使人们对自身的所作所为进行更加深刻的反思，这本身就证明了人类观念意识需要多么深刻的变革。

除了这些减缓性的努力和这种对抗性的策略之外，我们所有机构和职业的运作模式也更加富有创新性。这一事实已经通过一些运动得以阐释，例如，那些与世界上各种生物区的重新定居有关的运动。所有这些新型的、相互促进的人类 - 地球关系模式都是在功能性和批判思维的基础上发展起来的。这种取向开始在政治、经济、教育、医疗和精神重新定位中得到体现。这些运动致力于建立一个对环境更为友好的人类关系，共同表明了观念意识普遍发生的变化，而这正是目前我们发展可持续未来的最大希望。

同时，在无意识的模糊区域，原始典型象征在人类思想、情感和实际决策中起着最终控制因素的作用，一种以建立完整统一的人类 - 地球关系为目标的具有深远意义的重新定位正逐渐形成。宇宙的典型旅程现在可以被作为每个个体的旅程来体验，因为从令人惊叹的宇宙初现时刻起，整个宇宙就参与了我们人类个体的精神和物质存在的塑造过程。

现在，我们可以用伟大母亲的象征恢复我们对宇宙母性方面的感觉，特别是在地球上，这个象征是我们出生和赖以生存的母性原则。一旦这一象征被恢复，以攻击性侵入我们这些活动的父权原则的掌控力将得以弱化。如果这一点得以实现，那么人类与自然界的关系将经历自古典文明起源以来最根本的调整之一。

我们也可以恢复对宇宙树和生命树的典型认知。树的象征意义表明宇宙是有机统一体，特别是地球在其整体实现中的有机统一。显然，对宇宙树和生命树造成的任何损害都会破坏整个有机系统。所以，人类不仅可以有意识地抵制对地球的工业破坏，还可以对任何此类活动产生深深的如同生存本能一样紧迫的本能排斥，这应该是我们最有效的方法之一。

在这样的大环境中，第四个具有重大意义象征的是死亡－重生象征，这一象征尤其与持续转变的宇宙过程有关。工业时代求助于转变象征，从而形成并实现从旧的、过时的、压迫的、制约的转变为新的、重要的、有远见的、解放的。现代工业运动所使用的死亡－重生象征意义，现在必须从其破坏性取向转为更具统一整合性的角色。

这四个象征（旅程、伟大母亲、宇宙树和死亡－重生）现在正经历着一个时间发展阶段而不是一个意识的空间模式，构成了一个巨大的精神资源库，这使得人类自身成为可独立生存的物种生存于地球这个可生存的生命系统。

在美国的具有掌控力的职业中，教育和宗教尤其应当敏锐地感知地球上正在发生的事情，以及这些在恢复人类发展进程的特定的完整统一性方面的价值象征。这些职业在其意义的终极层面上表现为对我们的现实感和价值观的指引作用。它们为我们的生活提供了诠释，尤其是教育和宗教，应该唤醒年轻人对他们所生活的世界的认知，它如何发挥作用，人类如何融入更大的生命共同体，人类在宇宙伟大故事中所扮演的角色，以及塑造我们的物质和文化景观的历史发展序列。随着对过去和现在的认知，教育和宗教应该传达一些关于未来的指导。

然而，这些时代的悲鸣恰恰是我们的教育和宗教体制所形成的绝境。两者都停留在过去的教义传统中，或者冒险进入新时代的项目中，这些项目的结果往往微不足道，无法支撑或指导其所需的按重要性适当排序而进行的变革。我们必须认识到，唯一有效的方案是地球本身提供的方案，也是我们通向可行的人类生存模式的基本指南。

正如现在我们通过实践的认知方法领悟到的，教育和宗教都要将自己置身于宇宙的故事之中。在这个功能运转性的宇宙学中，我们可以克服自身的疏离，开始在可持续的基础上重新生活。这个故事是一个神圣的启示性故事，它不仅能唤起我们美好未来的愿景，而且能激发我们自己和整颗星球步入一个新的生存秩序所需的能量。

第7章
大学

大学在指导和完成这项伟大工作方面起着核心作用。因此，我们不妨仔细认真地正视大学最近所遇到的困难，以及大学在21世纪履行职责时可能选择的方向。

大学因其功能的重要性而可以被视为决定人类生活的四大基本机构之一：政府、宗教、大学和工商业公司。

所有这四个机构——政治、宗教、知识和经济机构的基本宗旨都因同样的原因而失败。它们都假定非人类存在方式和人类存在方式之间完全割裂，所有的权利和所有固有的价值都赋予了人类。非人类世界的固有权利和价值是不被认可的。所有的基本现实和价值观都应与人类价值观相一致。只有通过人类对其的使用，非人类的存在方式才能实现其现实和价值。人类的这种态度给非人类世界带来了毁灭性的打击。

早期的人类传统经历了与自然界各种生命形式的深度融合，甚至在对自然现象的宗教精神体验中经历了深刻的精神升华。我们已经从早期人类与自然界的这种亲密关系转变为现代文明的疏离。即便我们还保留有一些审美鉴赏力，也很少具有之前经历过的那样的深刻意义。然而，自然界的存在确实以非比寻常的力量和理解出现在诸如亨利·戴维·梭罗（Henry David Thoreau）和约翰·缪尔（John Muir）等人笔下，也出现在许多20世纪的自然主义作家笔下，如奥尔多·利奥波德（Aldo Leopold）、劳伦·艾斯利（Loren Eiseley）、爱德华·艾比（Edward Abbey）、爱德华·霍格兰（Edward Hoagland）、布伦达·彼得森（Brenda Peterson）、贝瑞·洛佩兹（Barry Lopez）、泰莉·坦贝斯特·威廉斯（Terry Tempest Williams）、加里·斯奈德（Gary Snyder）、大卫·雷恩斯·华莱士（David Rains Wallace）、安妮·迪拉德（Annie Dillard）、大卫·铃木（David Suzuki）、法利·莫瓦特（Farley Mowat）以及其他数不胜数的人物。然而，这些作家并没有在形成当代大学的基本定位方面发挥作用。

在当前的制度运行中，大学为学生们塑造了在扩大人类对自然界的统治版图中所扮演的角色，而并非致力于建立与自然界的亲密关系。以具有损害性的方式使用这种力量已经严重破坏了这颗星球。我们突然发现，人类正在失去一些通过参与自然界而得到的最崇高的体验。我们所造成的破坏太严重了，可以说，人类已经陷入了一种严重的文化迷失，这种迷失是由大学在知识层面、公司在经济层面、宪法在法律层面、宗教机构在精神层面所共同维系的。

大学不妨好好考虑一下亲身参与我们目前的困难境况。爱德华·奥斯本·威尔逊（Edward Osborne Wilson）、尼尔斯·埃尔德里奇（Niles Eldredge）和诺曼·迈尔斯（Norman Myers）等一些最称职且全面了解地球生物系统的生物学家告诉我们，自

6500 万年前中生代结束以来，地球生命系统便没有遭受过如此程度的破坏（Wilson，*Biodiversity*）。因此，其他历史变化或文化转型，如从古典地中海时期向中世纪时期转变以及从中世纪时期向欧洲启蒙运动时期转变，都无法与现在的情况相提并论。即使是人类历史文化发展中从旧石器时代向新石器时代的转变，也不能与现在发生的情况相比较。因为我们不仅正在改变人类世界，而且还在改变地球的化学组成，甚至是地球的地质结构和功能。我们正在以一种颠覆地球几亿年来甚至是几十亿年来积累的自然界成果的方式扰乱大气层、水圈层和地圈层，因我们而灭绝的基因种类将永远不会再出现。

在此，我们没有必要担心对地球运转的扰乱所进行的任何全面评估而涉及的问题。然而，我们要提及的是，在经济学中，人类经济与地球经济的分离会造成无法估量的灾难。人类生产总值的上升与地球生产总值的下降无疑是矛盾的，维护地球经济的完整统一性应该是任何人类经济计划的首要目标。然而，直到最近，我们也找不到一所大学教授这个经济学的第一原则。人类的愿景是改善人类的生存环境，然而却目睹了人类的自杀、他杀和种族灭绝，再到生物灭杀和地球毁灭。

这种对自然界的摧毁不仅是由于一个工业经济体为了经济利益或所谓的改善人类环境而摧毁整个地球，而且也由于美国宪法，其保障人类的参与性治理、个人自由以及拥有和处置财产的权利——所有这些却不附随着对自然界的法律保障。支持这样一部宪法的法律体系是极具缺陷的，它没有为地球作为一个包括所有人类和非人类组成部分的完整统一的共同体的正常运转提供任何基础。只有对完整统一的地球共同体高度关注的法律体系才能维系一个可生存的星球。

当人类对地球的运转拥有广泛的掌控权时，这种自然存在方式权利的法律地位就显得尤为必要。只要美国现行宪法的形式和解释仍然是我们在法律事务中的最终指向，那么任何对这片大陆自然存在方式的公平设想都是不可能实现的。在更大的民族共同体中，一些相应措施已经开始实施以改进这种情况。这些措施中最令人印象深刻的是1982年联合国大会通过的《世界自然宪章》（*World Charter for Nature*）[1]。该宪章明确指出："每一种生命形式都是独一无二的，不论其对人类的价值几何，都应得到尊重，并给予其他生物一定的认可，人类必须以道德行动准则为指导。"为于2002年提交联合国而准备的《地球宪章》（*Earth Charter*）也表达了相似的态度。这是一份全面性文件，旨在将社会公正、可持续发展问题与环境问题结合起来。

宗教机构也严重缺乏更有效的教学，并未做到教导我们自然界才是我们最重要的启示性经历这一点。强调语言的启发性而忽视了神在自然界的显现，是对整个启迪过程的误解。此外，西方宗教传统过分强调救赎过程而忽视了创造过程。这种强调使我们无法以这种体验神的最主要和最深刻的模式在生活的直接体验中得到宗教上的益处。

宗教也需要对生态问题有多一些的关注，这样的意识促成了10次系列会议于1996—1999年在哈佛大学举行，这些会议以各种宗教传统与环境的关系为主题。这一系列令人瞩目的会议汇集

① 此处 *World Charter for Nature*，全称应为 *The United Nations World Charter for Nature*，译为《联合国世界自然宪章》。——译者注

了约800名世界宗教学者和实践者，反思这些传统的实践和理论资源以形成相互促进的人类-地球关系。会议论文由哈佛大学出版社出版。

我提及经济学、法学和宗教，因为这些都是我们大学里教授的科目。这些主题并没有整体统一的呈现，无论是在经济上、美学上、娱乐上还是精神上，它们都被用来证明非人类世界基本上是供人类使用的。出于这个原因，大学在某种层面上可能是造成地球毁灭性的病态的主要支持者之一。

由于秉持这种基本观念，我们认为，越是广泛地利用我们周围的世界，我们越是在向更高级的存在状态进步。通过开发自然界来实现超地球地位的愿景，驱使人类朝着这一目标做出更加疯狂的努力。理想的做法是尽可能多地利用自然资源，对这些资源进行加工处理，使其尽快通过消费经济，然后进入垃圾堆。尽管巨大的垃圾堆积正在吞噬整个地球景观，淹没天空，填满海洋，我们仍然认为这是一种进步。

然而，需要着重指出的是，四个重要的运动已经出现并开始应对这些倾向。在经济学领域，有赫尔曼·达利（Herman Daly）和罗伯特·科斯坦扎（Robert Costanza）建立的生态经济学学会（the Society for Ecological Economics）；在法学领域，《地球宪章》的出现是承认广泛地球共同体的基础；在宗教领域，宗教与生态论坛（the Forum on Religion and Ecology）起源于哈佛大学为期三年的一系列会议，讨论研究世界宗教传统中的各种自然观；在教育领域，《塔乐礼宣言》（*Tailloires Declaration*）倡导绿化大学，鼓励大学及其领导者体现可持续实践。

然而，大学的困难还有更深层的根源。它存在于所谓的人道主义，或称众所周知的人文学科。正如人文学者所说，这些本应该被用于提高人类真正的生活质量。然而，这种价值观如此肆意地以人类为中心，扭曲了人类在宇宙结构和功能中的地位和作用。我们并未认识到，虽然宇宙的各个组成部分为彼此而存在，但每一个组成部分的根本作用是为了宇宙的完整统一而存在。人类无论多么高贵，也是为了宇宙和地球的完整统一而存在，远胜于为了人类自己。诚然，人类为其存在、运转和任务完成而要依赖于更大的宇宙。在宇宙的秩序中，行星地球提供了有效的、最终的、物质的和正式的理由，这些理由解释了人类诞生，支持人类存在，并引导人类获得成就。

在西方的宗教和宇宙学早期传统中，宇宙之于宇宙的任何部分与地球之于地球的任何组成部分都是一样的至高无上。神圣的共同体主要是宇宙共同体，而不是人类共同体。无论中世纪神学思想的缺陷是什么，很明显，整个宇宙是最重要的价值。作为一个更完整统一的整体的一部分，人类完全遵守被创造的秩序。正如中世纪最著名的神学家托马斯·阿奎那所指出的，“宇宙的秩序是事物的终极和最崇高的完美”（Aquinas，SCG，bk. 2，chap. 46）。

即使在传统的神学背景中，也可以说，神在被创造的秩序中所做的事情，其最高目的是整体的辉煌，而不是整体的任何单一组成部分的辉煌。只有整体才有完整统一的意义。即使是这些在基督教传统中被呈现的化身和救赎，也必须被视为主要是为了宇宙的福祉，即使这些都与人类有着某种直接的关系。正如阿奎那当时所说的那样：“整个宇宙共同参与了神的善，并比任何单一的存在都更好地代表它。”（Aquinas，ST，Q. 47，Art. 1）

历史上，与这一传统的决裂发生在1347—1349年[1]席卷欧洲的大瘟疫时期。这对西方世界来说是一个极度痛苦的时刻。由此对自然界产生的极度厌恶，深刻地影响了西方文化传统的形成。

17世纪初，勒奈·笛卡儿（René Descartes）的出现标志着这种厌恶到了决定性阶段。在真正意义上，他用无视地球的灵魂仅从现实角度将地球划分为思想和外延。从这个角度看，非人类世界被简单地看作机械装置。然而，这是一种可以甚至是必须为人类利益而加以利用的机械。

从大瘟疫以来的6个世纪，从笛卡儿时代开始的3个多世纪，除了18世纪末到19世纪初的浪漫主义时期外，西方社会对人类与自然界的任何亲密关系的厌恶与日俱增。直到最近，科学家们都非常坚定地认为，宇宙只是没有方向和意义的微小粒子的随机行为。我们应该抵制科学家对其发现所做的这种解释，这是非常合理的。我们本应允许科学家唤起我们对自然世界的深深质疑，然而实际上却事与愿违。

我们应该能够对科学发现做出自己的解释。很明显，我们对宇宙结构和功能的经验性研究揭示了一个超越我们想象或梦想的宏伟世界。任何合理的反应都是钦佩、敬畏，甚至是对在如此势不可挡的现实中呈现的更深层的神秘性的某种预感。我们甚至可以认为，在其展开的序列中，逐渐展现的宇宙正在为我们提供一种新的宇宙起源的启示性体验。

---

① 此处“1347—1349年”更多强调的是黑死病的集中爆发期，而非大瘟疫的精确起止年份。——译者注

对于这种体验，我们不需要望远镜、显微镜或科学分析。然而，有了这些与宇宙亲近的工具，我们确实对进化过程所经历的转变序列有了新的理解，这也正如我们现在所观察到的一样。如果宗教体验仅仅是对不明真相者的一种天真的印象，它就不会产生这样理智的见解、这样精神的升华、如此壮观的宗教仪式，也不会产生人类创作的数不胜数的歌曲、诗歌、文学和舞蹈。

事实上，星辰、海洋、鸟儿的鸣叫和飞翔、各种动物的优美形态和活动，或是山河峡谷的壮丽景色，几乎都能唤起每个人内心的某种自发性、一种指导原则、一种观念意识、一种通过物质形态体现的跨物质存在、一种能在任何生物中观察到的有序原理［这使得遗传过程中的 DNA（脱氧核糖核酸）的复杂性以某种连贯的方式发挥作用］。虽然没有感官能力可以直接体验到，也没有方程式可以编写以明确表达，但我们的直觉告诉我们，橡子中有一个统一的原则，使橡树遗传编码的复杂组成部分能够作为一个统一的整体发挥作用：扎根土地、长出树干、伸出树枝、萌发新叶、结出种子，然后从地球上汲取成吨的水和矿物质，将它们输送分布到整个生命系统中，以此来滋养整个过程。这种巨大的功能复杂性应该有一些统一的原理，传统上被称为生物体的“灵魂”，这以人类的智力来看是显而易见的。

既然这不是为活着的生物的精神、心灵或灵魂维度辩护的场合，我只能说，我这一代人一直是孤独自闭的一代，无法与自然界建立任何亲密和谐的关系。这种智力缺陷使我们进入了在地球发展的地质生物学故事中的新生代末期。我们现在的需要是知道如何走出这种人类的疏离，以一种更可行的存在方式进入自然世界。

在这里，我要指出宗教太虔诚了，企业太具掠夺性，政府太过屈从，从而不能实施任何适当的补救措施。然而，大学应该有远见和自由来提供人类共同体所需要的指导。大学还应具有批判的能力，对其他行业和社会活动产生影响。大学以一种特别的方式与年轻人接触，重新定位人类共同体，使人们更清楚地认识到人类存在、生存，并且只有在地球这个大共同体内才是完整统一和谐的。

如果导致新生代终结的反常状态的关键因素是人类与非人类之间产生的彻底的断裂性，那么地球上生命的更新就必须基于人类与非人类之间作为一个整体统一的共同体的连续性。一旦这种连续性得到认可和接受，那么我们将满足使人类以一种相互促进的方式出现在地球上的基本条件。

在这个新环境中，地球共同体的每一个组成部分都将根据其存在的适当模式和其职能享有相应的权利。每个组成部分的基本权利包括居住权以及在其所属的自然系统内实现自我价值的机会。人类有义务尊重这些权利。如果18世纪那时制定的美国宪法没有讨论这些问题，那么它们一定会成为现在社会法律环境中我们讨论的核心问题。大学法学院的关键任务是深入探讨如何解决这些尚未显现的问题。法学的基础似乎应该更为广泛。早在1965年，大法官威廉·奥威尔·道格拉斯（William Orville Douglas）就在《荒野权利法案》（*A Wilderness Bill of Rights*）中开启了这一过程，赋予自然界法律地位的需求就此被肯定。

建立共同体的意识甚至延伸到了地球之外的整个宇宙，宇宙也被视为一个单一的、连贯的共同体，其中的每个组成部分都完全依赖于所有其他组成部分。事实上，我们需要将宇宙视为现实和价值的最高准则，宇宙的所有组成成员都应参与到这一大环境中，履行好自己的职责，发挥好自己的功能。

在这种背景下，宇宙将成为最重要的大学，正如宇宙是最重要的立法者、最重要的经济公司、最重要的科学家、最重要的技术专家、最重要的治疗者、最重要的神圣启示、最重要的艺术家、最重要的教师，甚至是最重要的来源、模式，以及所有世事的终极命运。在人类智力发展的整个过程中，我们完全依赖于在早期通过直接观察以及在后期经由我们设计的所有观察工具而进行的宇宙与我们的交流。通过这些观察工具，我们深刻地进入了现象存在本身最隐秘的领域，同时，这些隐秘的领域也进入了我们自己的精神，这是一种互惠的关系。我们被我们所接触的东西感动，被我们所塑造的东西塑造，也被我们所促进的东西促进。

人类大学是一个大环境，在这个环境中，宇宙在人类智慧中自我反省并与人类共同体交流。大学将以宇宙为其起源、验证和统一的参照物。既然宇宙是一个处于发展初期的现实，那么只能主要通过其故事来理解。所有层次的教育都要建立在宇宙故事以及人类在故事中的角色的基础上，任何学院或大学的基础课程都应是宇宙的故事。

这个故事只有在宇宙从一开始就被视作具有精神－思维和物质－物体两个层面的时候才能完全理解其角色。这应该不难，因为我们可以通过外观和行为来了解事物。例如，我们可以从嘲鸫的歌声、体型、羽毛的暗石灰色、翅膀上的白斑和尾巴上的白色羽毛来认识嘲鸫。既然宇宙把我们所有的知识和艺术文化成就都带到了我们的生活中，那么宇宙必然是一个产生智慧、形成审美和建立亲密关系的过程。

我们所辨识到的这些人类的特质，也是我们在整个自然界中所观察到的特质。即使在元素层面，我们也观察到了自我组织能力以及建立亲密关系的能力，这些都揭示了惊人的精神力量，令人叹为观止。因此，我们必须正视的意识模式存在于整个宇宙的大量多样性呈现中。最重要的是，我们发现每一个存在都有它自己的自发性，这是从它自己存在的深处产生的。这些自发性以这样一种方式表达了每个存在的内在价值，我们应该这样评价宇宙——它是主观意识的交融，而不是客观物质的集合。

正是在这种与整个宇宙的亲密关系中，我们克服了自身所处时代的思维定式，这种定式表现为人类与非人类之间关系的根本性割裂。当我们意识到整个宇宙是由待交融的主观意识所组成，而不是由被利用的客观对象所组成的时候，这种我所描述的人类与自然界之间冷漠的关系就会从根源上被治愈。我相信，这种主观意识交融的经验是普遍存在的，几乎所有人只要在黎明日出或日落时看海，或在夜空中仰望漫天闪耀的星空，或是带着它强烈的预感和它迷人的一面进入荒野地区，都能立即发现这一点。

在想象、审美和情感生活的每一个阶段，我们都深深地依赖于周围世界的更大的环境，没有外在体验就没有内在生命。原始森林消失的悲剧不是经济上的，而是灵魂上的损失。因为我们正在剥夺自己的想象力、情感，甚至我们的智力，导致我们无法体会到荒野所传达的那种动人心魄的体验。对于孩子们来说，只与混凝土、钢铁、电线、车轮、机器、计算机和塑料接触，几乎不经历任何原始的现实，甚至不曾仰望星空，这是一种灵魂剥夺，削弱了他们作为人类的最深刻的体验。

在这里，我建议大学应教授宇宙的故事，因为这是我们现在可以做到的，也因为宇宙的故事就是我们自己的故事。我们在地球这颗行星上诞生，我们经历了宇宙的转变，只有通过对这些经历的传授，我们才能以适当的方式了解自己。这个新的宇宙故事是我们每个人的故事，也是我们人类共同体的故事。

我们的时间观已经从视宇宙为一种持续更新的季节循环转变为视宇宙为一系列不可逆转的转变流程，即使它还是在围绕不断更新的季节循环变化。我们最大的和唯一的需求就是接受这个宇宙的故事，因为我们知道这是神圣的故事。它可以被认为是所有创作的故事中最宏大的。这个故事的影响力并没有减弱，反而还增强了我们通过《创世纪》所了解到的早期故事。这个故事与古代美索不达米亚的宇宙故事有关，而我们的新故事是通过更多的体验和新的观察工具而获得的。

现在我们知道自己与宇宙中的其他生物有着基因上的联系。只有通过这个故事，我们才能以任意一种完整统一的方式解决自己与周围自然界的疏离。我们终于能够理解为什么自己的福祉依赖于地球的福祉。然而，即使我们已如此深刻地理解了这一点，仍然难以在这样的科学环境中重新思考经济、法律、宗教和教育。我们的大学似乎陷入了一种无法摆脱的思维定式，即使这些先前的文化形式被证明无法阻止地球被破坏，它们也无法摆脱这种思维定式。

这种对我们现有文化形式的固守，很显然是大学能够理解的唯一的生存环境。困难不在于文化形式，而在于无法扩大对这些文化形式在这种新环境中如何发挥作用的理解。困难还在于对这些文化形式的某些阶段的误解或过分强调，例如，宗教强调救赎而忽视创造。同样，我们无法理解这些先前的文化形式将在这一新的环境中进入一个比以往任何时候都更为广泛的存在阶段。

如果这颗星球的毁灭不是那么势不可挡的话，开展新形势的紧迫性也不会如此刻不容缓。只要我们一如既往地生活、维持那种价值观，并继续在之前那样的环境中从事我们的教育工作，那么，我们就无法与那些有洞察力的人一起形成深远的领悟。

虽然我们的大学自中世纪早期诞生以来经历了许多转变，但它们从未经历过像现在这样紧迫的转变。生态学不是一门课程，也不是一个课题，不能简单地通过开设生态学课程或开展课题来解决这个难题。然而，它是所有课程、所有课题和所有专业的基础，因为生态学是功能性的宇宙学。生态学不是医学的一部分，医学却是生态学的延伸。生态学不是法律的一部分，法律却是生态学的延伸。同样，经济学甚至人文学科也是如此。

西方大学曾一度被自然科学的女王——神学所主宰，也曾一度被人文学科所主导，还曾一度被机械科学、工程科学或商业所控制。新的形势要求大学在功能性的宇宙学中找到其最重要的关注点。然而，这样的功能性宇宙学只存在于一个特定的大学中，在这样的大学里，宇宙的精神维度以及它的物理维度被充分认可。

从新生代到生态纪的过渡时期所表明的人类生活的转变，深刻地影响着我们的现实感和价值观，只有过去伟大的古典宗教运动能与之媲美。它影响了我们对存在本身的起源和意义的感知，它可能被认为是一种超宗教的运动，因为它不仅涉及人类共同体的一个部分，而且涉及整个人类共同体。甚至在人类秩序之外，地球的整个地质生物秩序也牵涉其中。

在我们这个时代的第三个千年的开启时刻，人类生活的每个阶段都有很多选择。现在要决定的是，我们的任何一个基本机构——政府、宗教机构、大学或公司——是否能够减轻它们对新生代末期的依附，以及这些机构中的任何一个或所有机构都能够真正实现变革。

大学必须决定是继续为日渐衰落的新生代的短暂存在而培养学生，还是开始为新兴的生态纪培养人才。地球已经受到如此严重的破坏，未来的图景也受到了不断增长的人口的挑战，生存条件将比我们过去所了解的任何时刻都严峻。20世纪的我们没有思考清楚也没有适时的行动，现在的我们陷入了一种饱受精神折磨的矛盾心理。我们对宇宙及其运转方式有着如此广泛的理解，然而却表现出这样的无能，无法将这些知识有效地应用于我们自己或任何其他地球生命。虽然现在不是大学继续否认的时候，也不是把责任推给大学的时候，但现在是大学重新思考自己定位和正视自己所作所为的时候。

第 8 章
生态地理

地理学是对地球整体以及各区域综合体方面的整合研究。然而，它确实需要其他自然科学来提供具体数据。地理需要地质学来了解土地的结构和山川河流的形成，需要生物学来研究生命形式，需要气象学来了解使一个地区适合某种特定形式的植被的区域天气，需要水文学来了解河流、湖泊和含水层以研究森林地带的林业。

虽然地理学为理解地球在其更大结构中的功能提供了一个广泛全面的背景，但是将地球分成不同的区域并从其整体功能角度来理解会更为有效。它以这种方式为生态理解提供了环境。

也许可以这样说，地球是一个单一的现实，由超越所有理解或描述的多样性组成。北极和热带地区、海洋和大陆、山脉和山谷、森林和沙漠、河流和沙滩的多样性，都给地球带来了无穷的奇迹和功能性的完整统一。这些景观特征和这些生命形式，就像一些自编的挂毯、一些自作的交响乐，或者一些自创的绘画。体验这一奇迹，并与这些区域的各种生命共同体建立亲密关系，似乎成为人类在地球上存在的最高目标。

随着大陆板块的沉浮、聚合以及漂移，随着大陆板块地质层有序形成，随着大陆上火山的爆发、森林的破坏、野生动物的灭绝，以及所有这些显然具有破坏性的经历，地球在人类出现之前，在其漫长的演化进程中始终保持着连贯性和创造性。

地球的地质结构和生命物种的数量如此之大、如此之多样化，它们之间的相互作用如此密切，这些都是已知宇宙的奇迹。截至目前可以确定的是，没有发现其他任何一个行星上有生命存在的最微小迹象，更不用说有如此宏伟壮丽的形态或如此多样的物种了。即使在对行星的结构及其生命系统进行了这么多年的科学研究之后，我们对创造行星物理轮廓的力量、气候变化的顺序以及居住在这颗行星上的物种的分布的认识仍然十分有限。虽然我们了解了超过150万个物种，但我们估计地球上至少有1000万～2000万个甚至更多的物种。这些物种与其地理位置的相互作用构成了陆地形成的主要阶段。

后来出现了人类，在基因上，人类被赋予了塑造自己文化模式的使命，但同时又依赖于塑造各个大陆的所有其他力量。这种自我塑造的力量是所有生物都拥有的，但又与其他的生命体相互联系而且都在可控范围内，于是被选定为物种的“生态位”。地理环境是使人类能够在共同体中确立其地位的最有力的决定因素之一。

一个单一物种可能居住的区域的多样性因赋予人类的知识类型而得到了极大的拓展。虽然知识使人类能够更广泛地适应外部世界，但同样的知识也赋予了人类为自己塑造各种内部文化世界的能力。这些文化领域不仅构成了人类的内在决心，而且还决定着人类与其他生命体的关系。人类在适应地理环境时，需要以一种特殊的方式有意识地了解自己的居住地。

人类需要几百万年才能在自己所处的地理环境中完全塑造自己的身份。而后，人类还需要很长一段时间才能有效地与其周围的其他共同体成员建立联系。这种能力以开垦土地和驯养动物为标志迈出了最重要的一步。从大约一万年前开始，这种能力开始展现，并伴随着对共同体生物系统的影响日渐增强。最后，一种真正的人类生活方式的建立将取决于对该地区地质结构、植被和野生动植物形态的控制及其为人类所用的程度。

人类存在方式的另一个特点是在整个地理区域都有精神力量感。河流和山川不仅仅是简单的物质形态，它们更是不可忽视的精神力量。与精神力量相联系的感觉与该地区的地形相呼应，成为人类适应区域环境和其他生命体的具体差异之一，也形成了人类共同体对居住地的强烈依附感。

近代以来，工业文明没有意识到，在他们居住的特定地方，地球的福祉就是他们自身的福祉和自我实现的必要条件。那种认为地球是为人类的功利性目的而存在的看法越来越强烈，这是因为在力图将人的个体权利写入政治宪法时，人类却丝毫没有意识到自然生命共同体其他组成成员的相应权利。法律赋予了人类被指定为“财产权”的土地以及存在于土地上的任何东西。这些法令的颁布为占领和无节制地开发土地提供了法律基础，以文化傲慢为主导的西方文明无法接受这样一个事实：人类和其他任何一个物种一样，都会受到与地球共同体其他成员相关的限制。

尽管地球共同体的任何其他成员拒绝接受限制可能很快会导致引起恐慌的物种灭绝，但人类发现，他们可以在一段时间内颠覆这种通常可能导致自身灭绝的力量。人类所不能做的是避免他们自身存在方式的退化，一旦他们阻止共同体的其他成员在更大的地球共同体中履行他们的职责，就会发生这种退化。只有在西方文化传统中，现代人类才开始逐渐开始意识到，如果要得到自身的任何福祉或成就，我们就必然同时对其他物种的福祉有着深刻的需求。

在21世纪初期的这几年，我们要与当地的生物群落、北美大陆以及地球本身在其全方位和组成区域的多样性方面重新建立亲密关系。为了以某种整体统一的方式实现这种亲密关系，我们需要进行一项研究，以实现罗伯特·穆勒（Robert Muller，20世纪50—70年代，他一直担任联合国秘书长顾问）经常提到的“全方位地球科学”（total earth science）的理想。这一表述似乎有全方位的程度和精确的表述，这是命名一个认知领域所必需的，因为这个认知领域从来没有在教育体系中被赋予适当的身份或适当的地位。

缺乏对地球整体统一性研究的关注是人类难以在地球动力学中找到自己位置的原因之一。根据盖亚假说[①]（Gaia hypothesis），人们对地球已经开始有了一些认识。这是指地球具有对内维持稳定状态的能力，即能够根据外部世界的变化做出全面的内在调整和自我调节。这一概念引发了针对地球五大层面组成部分的陆地圈、水圈、空气圈、生命圈和心灵圈的宏观层面生物学研究。

---

① 其由英国大气学家詹姆斯·E. 洛夫洛克（James E. Lovelock）于20世纪60年代末提出。——译者注

这种针对地球的思维方式为我们所有的特殊研究提供了一个完整统一的环境。它提供了理解和处理一种极其强大力量的复杂情况和紧张状态的一种方式，这种力量使得地球成了神奇的星球。它使人类共同体开始更充分地思考自己的角色。近年来，由于人类共同体借助了20世纪发展起来的科学和技术所获得的力量，人类的角色发生了深刻的变化。人类现在不但改变着这颗星球，而且对其产生影响的规模可以与冰河时期相比。人类消灭生命形式的能力甚至可以与6500万年前在地球历史上终结中生代并开启新生代的力量相匹敌。

那种能破坏地球生命系统的整体统一的功能的工业文明所拥有的力量很难被认可和赞赏。一个新的地质生物时代已经开启，这就要求采取新的视角进行那些与地球整体统一功能运转有关的研究：地质学、化学、生物学，以及那些对地球及其功能运转方式的其他研究。在所有这些领域，自然系统都受到人类共同体新兴力量的深远影响。

在此，我们必须再次提到这样一个事实，即人类在建立自我认同以及在其与地球共同体其他组成成员的关系中确定他们的作用等方面与其他物种不同。在某种程度上，这整本书可以被视为一种努力，即在人类共同体与地球共同体其他组成成员的关系中确定他们的作用。虽然这种努力可以被理解为寻找人类合适的生态位，但它是一种特殊的生态位形式。人类以外的物种，通过它们的基因遗传，发现它们的生存环境仅受到更大的复杂生命系统的有限的干扰。于是，它们很快就找到了自己的位置，否则就会灭绝。某种稳定终将形成，一种新的平衡业已产生，万物之间具有联动功能的关系随之建立。

人类的困难在于，基因被编码为一种具备进一步转化能力的文化基因编码，通过这种编码，人类建立了一种自己特有的存在方式，一种通过教育传承给后代的文化存在方式。通过这种文化存在方式，人类建立了自身在地球共同体中的生态位。在地球共同体中，人类不仅存在于栖息地区域，居住区域也比其他生命体更为广泛。其他生命形式通常只在有限的生物区域内生存，但我们人类几乎可以在这颗星球上的任何地方印下我们的足迹。

从某种意义上说，人类拒绝接受任何特定的生态位，因为生态位的基本功能是对一个物种的活动设定限制。从这个意义上说，人类拒绝接受来自外部的甚至自身内部存在的限制。地球默许了人类的存在，这对地球共同体的所有其他组成成员构成了极大的危险，因为人类可以凭借绝无仅有的自由程度入侵其他物种的领地。

相对于其他群体来说，任何一种生物群体的生存取决于对每个群体行为界限的认知。这个界限定律是所有宇宙学、地质学或生物学定律中最基本的定律之一。对于生物形式来说，这一点尤为明显。在印度教中，这个界限法则在宇宙秩序中被认为是 *rita*，在道德秩序中被认为是 *dharma*。在中国，其在早期被认为是“道”，在新儒家晚期被认为是“理”。在希腊，它是作为公正的秩序的 *dike*，或是宇宙建立思维秩序的 *logos*。然而，在现代世界，这种由宇宙的自然功能运转所实施的界限感，在某种程度上已经被推翻，至少暂时被人类创造的工业进程所推翻。

根据普遍规律，每一个物种都应该有相对的物种或限制它们的条件，这样就绝不会有任何一个物种或一群物种取得绝对优势，即使是一种细菌在一段时间内无限地繁殖，也会有一物降一物的情况出现。界限法则使各种生命形式之间的功能和谐成为一种迫切的需要。

这是人类面临的困难，因此人类必须自我约束。相对于这颗星球的其他组成成员来说，我们掌控了全面的能力，却并不知道如何能够控制自己的行为，又或许我们只是不愿意在深思熟虑后做出决定而导致自我限制。在某种程度上，这源于当我们获得智慧思维的能力时，一部分是出自我们本能的控制。在 20 世纪，我们对自己的进化起源和一系列使我们形成的转变尤为痴迷，对宇宙起源比对宇宙更加感兴趣。即使在与地球相关的问题中，我们对历史比对地理更执着，对时间比对空间更执着。因为，历史是无尽的，空间是有限的。

我们对自己在宇宙中特定地位的探求如此急切，以至于有些人不遗余力地探索如何离开地球。我们确实曾经去过太空，但有些人错以为我们已经可以无所顾忌地离开地球。事实上，人类从未离开过地球，我们一直存在于太空中的地球上。只有我们能呼吸到地球上的空气，喝到地球上的水，并能够从地球的产品中得到营养，我们才能生存。没有任何迹象表明，人类可以生活在宇宙除地球之外的其他任何地方。空间也在不断地被改造，但只是在其被改造的可能性范围内。

我们的整个工业体系可以被看作摆脱自然界限制的一种努力。我们通过机械发明和无节制的能源利用，人工创造了一个人类自我存在的环境。在这个过程中，人类违反了界限准则，破坏了大气、土壤和海洋的化学平衡。我们在使用化石燃料的过程中无节制地开发利用地球，破坏了这颗星球的再生力，造成了无数种野生生物的灭绝。我们不再生活在有机的、不断更新循环的世界中，而那是我们赖以生存的自然环境。

当意识到工业世界，如其现在所运行的那样，只能存在于一个短暂的历史时期时，我们就可以开始考虑如何为我们的客观生存和个人发展建立一个更可持续的环境。显然，我们必须从对自然界的开发利用转向重新考虑这颗星球的功能以及我们与地球共同体其他组成成员的关系。由于我们不是靠本能才实施行为的，所以在我们对地球生命系统在生产食物、提供住所和我们需要的能量方面的作用有一些了解之前，我们所能做的很少。从某种意义上说，这是一个恢复过程，因为在农业阶段，我们对地球在各种生物区域的功能运转情况十分了解。

然而，现在我们需要更加全面的理解并对自己所居住的各种生物区域环境有更广泛的适应。虽然我们需要对本地区的有机功能有所了解并与之亲密融合，但也需要对地球有更深层面的了解。我们已经深刻地领悟了行星环境对我们生活的影响，因此再也不能完全退为仅关注本地区域了。

无论人类如何抗拒其本性所固有的限制，在自然秩序中，人类都属于他们所居住的地理位置，为其所占有，并受其制约。然而，借助技术技能，人类对其所处地理区域的依赖性有所下降。我们逐渐开始意识到，越是减轻对生物区域的依赖，人类的属性越强。我们现在对大自然倍加疏离，无暇顾及我们的食物出产于北美洲、非洲还是南美洲，几乎不会去关注其来自何处。我们的衣物可以使用某一个国家生产的原材料制成，再用船运至另一个国家缝制加工，然后出口销售至其他地方甚至是任何地方。而这些与种植出我们食物的田地、提供给我们水源的溪流、环绕我们的林地，或者是当地的花卉或动物群落几乎或根本没有关系。此外，那些为我们种植粮食和缝制衣物的人的劳动还经常被过度利用。

这个没有依恋度、没有亲密感的心灵世界，也是一个没有满足感的世界，实际上我们对自己所居住的空间也并没有亲密感。虽然我们希望所拥有的自我空间能完全属于我们，但我们自己却并没有做出相对同等交付的意愿。地理区域的意识或理解已经成为与我们无关的知识学科，它在儿童教育中几乎完全不受重视。从地理学角度看，地理区域是为人类服务的政治或经济地理学，而不是为更大的地球共同体而服务的。然而，随着人口的增加和地球上的可用空间变得更加有限，对地球及其区域的研究变得更加重要。经济地理学需要发现地球上每个生物区域中的生物资源的位置、这些资源有多丰富以及它们如何以无限更新的能力实现可持续发展。

亚历山大·冯·洪堡（Alexander von Humboldt，1769—1859）是现代地理学的创始人，也是最杰出的现代地理学家，他设计了考查和记录地球结构和功能的新方法。根据他在南美洲的研究，他概述了该地区的地质结构、气候条件和植被。然后，他冒险对欧洲、中亚和美洲的地质结构和功能进行了更广泛的研究。这些研究报告共出版了22卷，然而，他最负盛名的著作是《宇宙》（*Cosmos*），英文版共五卷（1845—1862），这是第一部关于现代地理学的伟大专著。

继洪堡之后是法国地理学家让·雅克·埃利斯·雷克勒斯（Jean Jacques Elisée Reclus，1830—1905）和他的著作《大地记》（*La Terre*，1868—1869）。爱德华·苏斯（Eduard Suess，1831—1914），与雷克勒斯是同时代的人，主要的著作是《地球的面貌》（*Das Anlitz der Erde*，英译名为：*The Face of the Earth*），英文版共五卷（1883—1909）。在这些早期地理学家之后是弗里德里希·拉采尔（Friederich Ratzel，1844—1904）等学者和一些对地域地理非常感兴趣的法国学者。

这些都是19世纪末美国地理研究产生的根源。艾赛亚·鲍曼（Isaiah Bowman，1878—1950），美国地理学会理事，20年来，对地理学与社会科学的关系有着浓厚的兴趣。他特别感兴趣的是秘鲁南部和智利北部的安第斯山脉地区。卡尔·索尔（Carl Sauer，1880—1975）对北美大陆西南部的沙漠地区进行了专门的研究，他的研究包括美洲印第安人的人文地理和墨西哥早期农业。这些术语，生态学和地理学，早在1923年H. H. 巴罗斯（H. H. Burrows）在美国地理学家协会（Association of American Geographers）上发表的以“地理学——人类的生态学”为题的主席演讲中就被联系到了一起。埃尔斯沃斯·亨廷顿（Ellsworth Huntington，1876—1947）在1915年出版的《气候与文明》（*Climate and Civilization*）① 一书中，对地球及其对人类形成的影响进行了全面的研究。

由于19世纪下半叶到20世纪上半叶是西方势力掌控地球的鼎盛时期，也是西方势力从地理角度寻求对世界政治军事统治支持的时候。这导致了美国海军军官阿尔弗雷德·塞耶·马汉（Alfred Thayer Mahan，1840—1914）对海权的关注，出版了著作《海权对历史的影响（1660—1783）》（*The Influence of Sea Power upon History*，1660—1783）。哈尔福德·约翰·麦金德爵士（Sir

---

① 此处应为“《文明与气候》（*Civilization and Climate*）”。——译者注

Halford John Mackinder，1861—1947）提出了基于土地的全球战略，他在英国开创了地理学研究，并在伦敦政治经济学院创立了地理学学科，同时发展了他的关于欧亚大陆作为地球和人类历史的地理中心的土地权力基础的理论，在1904年的一篇论文中，他提出了这一论点。

尽管这些地理数据的使用对于了解过去的历史和使我们了解当今世界局势的形成力量极为重要，但我们必须继续关注其他问题。我们现在更关心人类文明对气候的影响，而不是气候对人类文明的影响。

文化地理学、经济地理学、政治地理学和军事地理学曾为人类开发地球的目的服务，但现在是为地球而研究地球的时候了。地球的福祉在很大程度上取决于我们对地球的认识，包括地球的全球范围、生物区域多样性以及地球各组成部分之间的密切关系。如果我们想知道人类将如何以某种相互促进的方式出现在地球上，就必须依赖于对地球全部多样性的透彻理解。这样的认识是生态地理学应发挥的作用。如果这项研究得到适当的发展，那么我们在实现行星共同体的可持续发展方面将会取得巨大的进步。

目前我们对人类的冒险行为与地球自然系统关系的关注，有时被称为“人类问题意识”或“全球问题意识”。这两种情况中有着相同的关键问题。我们既有全面的地球问题，也有各种各样繁杂的人类问题要处理。在这两种情况下，把行星地球视为我们居住的亲密住所的一些相应意识都要培养。“世界问题意识”一词在讨论中被广泛使用，例如，罗马俱乐部在20世纪60年代开始的讨论中，根据我们对地球资源提出的极端要求，对我们人类的未来进行了第一次广泛的调查。这是《增长的极限》（*Limits to Growth*，Meadows et al.，eds.，1972）中讨论的问题，是为了对未来人类经济进行长期规划而对北美洲和更大范围的星球资源进行的研究。甚至仅仅这本书的书名也引起了商业界和学界的敌意对立。文章中关于我们正在给地球施加超出其承受能力的负担的论点，仍然是对20世纪工商业金融界的有力批判。另一项类似的研究，即《2000年全球：一份呈交总统的报告》（*Global 2000：A Report to the President*），是卡特总统在1979年，即其任期的最后一年提出的，旨在为美国制定长期经济战略提供指导。报告得出了同样的结论，也引起了同样的不满。当卡特总统意识到人类对地球功能运转的侵犯已达到地球可持续性的极限时，继任总统罗纳德·里根则反对这份报告，并禁止政府印刷办公室印刷这份报告。

为了解决目前的僵局，生态研究提供了我们所急需的指导。事实上，生态学这个术语正成为一个前缀，几乎可以与任何科学或任何人类活动联系在一起。因此，我们发现，生态学研究与法律、经济、教育、文学、伦理以及各种各样的人类活动的其他方面有关。在未来，如果不能更好地了解地球地理知识，这些活动都将无法进行。

诗歌和自然历史散文是更饱含人文魅力的领域，为整个地球共同体建立了对自然界奇观的情感审美，唤醒了那些遏制我们现行具有破坏性的科技－工业－商业结构所需的精神能量，创造了一种更为良性的经济生存模式。然而，这些人文的见解本身是不起作用的，必须通过更全面彻底地了解生物共同体群落的识别特征以及形成亲密关系的功能运转模式来得到实践。

我们所说的对地球的理解，不仅仅是指这颗星球上多种衡量方式的集合。就目前而言，生态学似乎隐含着对地球进行全面或整体统一研究的理念。另一个开始使用的术语是“地球素养”（Earth literacy），其作为教育计划的基本背景而贯穿于最早的初级教育至各级职业教育之间。地球素养所得到的培育发展，尤其应归功于诸如欧柏林学院的大卫·奥尔（David Orr）和波特兰州立大学的切特·鲍尔斯（Chet Bowers）这样的教育工作者。

每一个术语都有其特殊的价值。我个人的期望是，生态地理学的研究能够作为最有效的学科之一，在未来发挥重要作用，使人类融入更大的地球共同体。然而，只有当对地球的研究达到一定的认知高度，如约翰·缪尔在他关于加利福尼亚约塞米蒂山谷的描写中所表达的那种欣赏，这种期待才会实现。

我们需要做的是将地理作为一门培养亲密关系的研究。正如动物和人类之间的感情一样，从这一区域到人类的欣赏之间也有一种感情传递。没有什么能逃脱这样的亲密关系，有一种说法认为，空间曲率是宇宙与宇宙中每一个生命体的亲密关系。因此，对于生物区域来说，存在着这样一种亲密关系，它带来了这个区域及其人类存在的满足感，而这个区域对共同体各成员的关注也做出了回应。

当我们逐渐熟悉这个生存区域时，这种与地球的感情关系就加强了。正如巴里·洛佩兹（Barry Lopez）在谈美国地理学时所描述的那样，“一个社会对其所占土地的实际规模的了解越肤浅，土地就越容易受到过度开发利用和短期利益操纵。在政治和商业实体面前，这片土地实际上是毫无招架之力的。它发现自己被剥夺了有着必不可少且渊博的知识的密友”（Lopez，*About*

This Life, p. 137）。

土著居民了解自己生活的区域。他们必须清楚哪里能获得食物，哪里能找到水源，哪里能找到生火用的木柴，哪里能找到药用植物，哪里能找到能为他们的帐篷提供支柱并为他们生火提供木柴的树木。对生态学的研究必须能够引领我们建立与自然环境的亲密关系。只有亲密和谐的关系才能使我们摆脱目前对掠夺性工业经济的完全依赖。

第9章 伦理与生态

1912年4月，泰坦尼克号在横渡大西洋的处女航中撞上冰山，沉入大海。早在撞船之前，航船指挥者就已经获得了充分的证据得知前方有冰山。然而，没有人想改变既定航线，人们对这艘船的避险幸存能力充满无限的信心。实际上，即使在执行正常的航程任务中也需要注意诸多事项。那艘号称“永不沉没”的船所发生的一切对我们来说是一个深刻的教训，只有在最恶劣的情况下，我们才具备必要的精神能量并以现在所需要的规模来检验我们的行动方式。对船只的日常关注以及对乘客的关注应让位于更紧迫的船本身的良好状况问题。在此，一种情况下的宏观层面问题变成了另一种情况下的微观层面问题。对泰坦尼克号上乘客的关注需要让位于对该船本身的宏观层面的决定。

现在，我们对人类共同体的关注只能通过对自然界完整统一性的关注来实现。只有建立人类与地球生命系统的相互支持，这颗星球才能支持人类的存在。这个更全面的观点，我们可以称之为宏观层面的伦理。这远远超出了我们对个人行为、群体行为甚至国家行为的一般性道德伦理的判断。我们现在关心的是对一个重要性等级完全不同的秩序的道德判断。事实上，人类共同体以前从未被迫做出过这种规模的道德判断，因为我们以前从未有能力实施可能造成这种后果的有害行为。

正如布赖恩·斯威姆（Brian Swimme）在《宇宙的隐藏之心》（*The Hidden Heart of the Cosmos*）中所指出的那样，人类通过科学洞察力和技术技能，已经成为一种宏观层面的力量，是一种与产生冰川作用或造成过去物种大灭绝的力量同一级别的能力。然而，人类却只具有一种微观层面上的责任感或道德判断。我们需要发展一种完全不同范围的责任。

我们很难超越过去指导我们生活方式的那些基本价值观，因为这些价值取向在过去的千年中赋予人类以特性，并指导了我们的宗教和文化传统。这些传统决定了我们的语言、思维洞察力、精神理想、想象力范围以及情感敏感性。然而，欧亚大陆和美洲世界的这些经典传统在处理我们现在对地球生命系统所施加的瓦解性影响方面都被证明是力有不逮的，而且我们对正在发生的事情和现在为了避免地球生物系统的大范围崩溃而需要做的事情的批判性判断呈现一种麻痹状态，过去的许多智慧在现在变得起不了多大作用。

困难之一是我们的语言问题。传统的欧洲各语言表达了过去的人类中心主义取向，西方的想象充满了这些来自同源的图像，传统的精神价值观遵循着事物现有秩序难以令人满意的本性，追求世俗体验、寻求解脱，结果却陷入迷茫。宗教人士不断强调人类的崇高精神本性，批判自然界缺乏精神维度。相对于决定我们在某个超验世界中命运的精神关注来说，所有的尘世生活都被认为是微观层面的关注。

近年来，随着宗教传统对生活的影响逐渐减弱，人类主宰了当前的局面。没有什么能够凌驾于个人或群体价值之上。法律制度培养了一种人权意识，其他物种没有任何固有的权利。经济学是建立在我们对地球所有地质生物系统的机械开发的基础上的。商业利润权优先于自然系统生存的迫切需要。要摆脱对人类剥削的这种专一的排他性，就需要一种当代人类社会罕见的伦理观和实施的勇气。

在评估我们的现状时，哈佛大学的 E. O. 威尔逊（E. O. Wilson）说："归根结底，这将取决于伦理道德的抉择，我们如何看待自己生存于其中的自然界，而现在，我们越来越重视自己作为个体的地位。"（Wilson，*Biodiversity*，p. 16）斯坦福大学生物科学教授保罗·埃利希（Paul Ehrlich）曾指出，"奇怪的是，科学分析指向当代文化进行半宗教（quasi-religious）转型的需求"（in Wilson，*Biodiversity*，p. 26）。

西方社会传统的宗教定位使我们极易受到对所经历困难采取的一种肤浅态度的伤害。当处在一个非常危险的处境时，我们倾向于相信自己会被这颗星球内部的超越这颗星球的某种力量所拯救。目前，这种力量将提供一种治愈疗法，正如过去它在许多场合中所做的那样。在圣经启示录式文学的描述中，我们可以看到这样一种最光辉的前景，在千年的未来图景中，被保佑的人将获得最先复活的荣耀。（Revelations 20：2）当悲哀被消除、正义盛行、和平惠及大地，这种转变便意味着一种荣耀的呈现。

即使在千百年来所追求的宗教维度被一种人文的生活态度所取代时，生活在一个令人极度不满意的世界里的感觉仍然是西方理念中的一个关键事实。在自然世界的自发性中，我们很少感到轻松闲适，并希望自己能够拥有一个更美好的世界。我们必须在某种转变了的地球环境中找到成就感。然而，我们也发现在生活所给予的条件下接受生活变得越来越困难。

在西方历史的大部分时间里，对这种情况的解决方法是一些内在的纪律，它能够使我们消化掉存在于地球之上的内在压力。而后，17世纪，在弗兰西斯·培根（Francis Bacon）的指导下，我们开始设想理解并控制自然过程的可能性，通过我们自己的努力从人类的处境中解脱出来。人们开始把自然看作一种需要克服的障碍，同时也是一种需要开发的资源。千年愿景继续激励着转型社会的理想，只是现在，千年的经验不再是通过神的干预，而是通过科学洞察力、技术技能和商业谈判来寻求。

我们知道现代世界形成的故事，占主导地位的知识结构，以及笛卡儿在17世纪所开创的绝对分离的精神世界和物质世界。之后，同在17世纪，牛顿（Newton）提出了一个物质宇宙的观点，占据西方思想主导地位直至20世纪初爱因斯坦（Einstein）和普朗克（Planck）时代。这种机械论世界观鼓励了技术发明和工业掠夺的增长，这样的增长在19世纪80年代电子和化学研究中心纷纷成立、科学技术取得进步、第一批现代商业和工业公司形成的时候到达了顶峰，人们的目的就是使人类社会尽可能地独立于自然界，使自然界尽可能地服从人类的决定。没有任何东西能够继续保有其自然状态。

只有到了现在，我们才能认识到这种花费气力的后果，即通过人为操纵来抑制自然界的自发性，从而在消费社会中实现人类福祉。我们开始意识到，这些正在发生的破坏无法通过传统宗教或人文伦理得到有效的批判，也不能从其始作俑者工业社会的角度来解决。

我们发现自己毫无伦理道德可言，而此时，我们第一次面临着终结，即地球在其主要生命系统中的功能运转不可逆转地关闭。我们的伦理传统知道如何应对自杀、他杀，甚至种族灭绝；但这些传统在面对生物灭杀（即地球脆弱的生命系统的消亡）以及地球毁灭（即地球本身的覆灭）时，便会完全崩溃。

我们有一个全新的问题意识。为了充分认识到这一点，我们必须明白，滥用我们的科技力量本身并不是源于科学传统，尽管这是对自然界的实证探索提出的一般性指控。这种危险和误用，归根结底源于西方文化发展的精神传统和人文传统的缺陷。这些传统本身就有疏离的重点，我们的宗教和人文传统都主要致力于人类中心主义的提升。

一直以来，我们都很难接受人类属于地球共同体不可分割的一部分。我们将自身视为一种超然的存在方式。我们真的不属于这里，但是，如果我们顺应某种神秘命运的指引来到这里，那么我们就是所有权利和所有价值观的源泉。所有其他地球生命体都是为了人类利益而被使用的工具或资源。几个世纪以来我们都为了自己的利益掠夺地球资源，现在，我们开始思考我们是谁，这颗星球和我们都发生了什么。即使这个光明的、崭新的、不朽的、机械的世界在其全球范围内的活动中都获得了成功，一个突然的逆转也正在发生。不可避免的问题出现了：我们得到了什么，失去了什么？现在这个问题成了或得到或失去的问题。

当务之急是我们开始在整颗星球的环境中思考，即从包含所有人类和非人类组成部分的完整地球社区的角度进行思考。当我们讨论伦理，我们就必须理解它是指管理这个综合性共同体的原则和价值观。人类伦理学关注的是人类如何在理性层面上表达更大的共同体的秩序原则。

生态共同体不隶属于人类共同体，生态责任也不是人类伦理的衍生物。更确切地说，人类伦理是从生态的必要性中衍生出来的。基本的道德规范是综合共同体的福祉以及在该共同体内实现人类福祉。

在这里，我们发现自己正在处理一个深刻的对自身和周围宇宙的看法的逆转。这不仅仅是对我们道德行为的某些特定方面的改变，也不仅仅是对我们现有文化环境的改变。我们现在需要的是改变那些深深地印刻在我们基本文化模式中的态度，这些态度是我们存在本质的必要条件，是我们作为一个物种的基因编码的指令。提到我们的基因结构，这确实是个问题。

我们的基因编码比我们的文化编码更广泛。人类的基因编码与整个物种编码的复合体是不可分割的，因此地球系统内部保持一致，并能够继续进行演化过程。一个物种要保持生存，就必须建立一个对自身和更大的共同体都有利的生态位。人类的物种编码本身携带着所有更深层次的物质和精神自发性，这些自发性被人类智慧、想象力和情感的天才有意识地激活为文化模式。这些文化模式被作为传统流传下来，形成了各种文明的启蒙仪式、教育制度和生活方式的实质。

我们的文化传统在一个新兴宇宙的背景下不断地寻求着恰当的自我实现。随着事物的变化，传统被迫开启新的表达方式，或者进入一个僵局，因而需要一个新的开始。从根本上重组我们文化编码的规范迫使我们回到更基本的物种编码，这将我们关联到了更大的地球编码复合体上面。在这个更大的环境中，我们有责任做出现在应该做出的基本改变。我们不能抹杀历史的连续性，也不能在没有现有文化形式指导的情况下走向未来。然而，我们似乎必须回到从前，将我们的人类基因编码与更大的地球共同体的其他物种的编码相连接。只有这样，我们才能克服束缚我们的人类中心主义的局限性。

也许一种新的启示性体验正在开启，这是一种人类意识唤醒了地球进程的宏伟和神圣本质的体验。自萨满教时代以来，人类几乎没有参与过这样一种愿景，但在这样的一种伟大复兴中，我们对自身和我们所生存的整颗星球的未来充满希望。

第10章
新政治格局[①]

社会取向的保守派和自由派在人类事务中的旧的紧张关系正在被自然界取向的开发者和生态学家之间的紧张关系所取代。这种新的紧张关系正在成为人类事务中的主要紧张关系。

帝国和殖民地之间的政治紧张也正在被世界上以有机农业模式存在的地球村的各族人民和以工农业形式存在的跨国公司之间的经济紧张所取代。

这种新的格局不应被视为那种生态运动是一个新左派运动或新自由主义的格局，因为生态运动已经把整个划分的基础转移到了一个新的环境中。它不再是一个基于政党、社会阶级或民族群体的划分，而是一个以人类为基础的划分，人类是地球这颗星球上更大共同体中的组成部分之一。

① 此处为根据全章内容所做的意译，英文题目为“The New Political Alignment”，因 alignment 有调整之意，而全章从各视角切入讨论政治关系变化，故译为“格局”。——译者注

在这一新格局中，那些致力于自然地区工商业发展的人们认为，这种发展具有内在的进步性；而那些致力于维护自然界与土著居民完整统一状态的人们则认为，这种发展是恶化过程，因为人类入侵这颗星球生命系统的行为已经超出任何可接受的限度。

对于一个群体来说，在现实和价值方面，人类被认为是首要的，而更大、更完整统一的地球共同体则处于次要地位。对于另一个群体来说，完整统一的地球共同体（包括人类）被视为首要的，而人类福祉本身则被视为派生的。一方坚持认为，自然生命系统必须首先为人类服务。另一方则坚持认为，人类必须视自然生命系统为优先方。最终，人类和自然生命系统必须调整以实现相互适应。

协调这些紧张关系尤其困难，因为工商业力量在过去两个世纪中已经使自然界不堪重负，在此背景下，生态学家在进一步使自然系统适应人类方面的努力变得困难重重。工业强国对自然界的压榨干扰了自然力量的运转，我们已经以牺牲人类和自然界的健康和福祉为代价，对这颗星球的生物系统进行了全面的破坏。

我们无法调解目前的局势，不可能发生所谓的一些最小的平衡能够通过双方各退一步的方式而形成一个大致的平衡的情况。那些已经施加于地球的粗暴行径是无法被接受的。这只能被认为是严重的文化迷失所造成的后果。生态学家所要求的变革是工商业经济掠夺过程的急剧减少。在认识到这一点之前，不可能实现可接受的和解。

然而，我们如此坚定地关注与自然界相关的过度开发利用模式，却忽视了那些控制着大公司的人几乎不会去考虑以任何有意义的方式改变这种过度开发利用模式。即使是官方提倡的“可持续发展”运动，也必须被视为为了回避这一基本问题而做出的努力。我们的现实感和价值观完全受制于工业程序所规定的准则，导致这种突然的转变很难得到严肃对待。这些工业程序准则现在通过跨国公司在全球范围内运转。

这些公司与世界各国政府结成联盟，并与这样一些机构相联系或结成组织，如世界银行、国际货币基金组织、世界贸易组织、国际商会、世界可持续发展商业理事会以及国际标准化组织等。共同利益结合得如此紧密且一致，导致它们的影响力越来越难以被摆脱，它们对世界各个民族和文化的控制也越来越难以逃离。

当前工商业秩序的影响力如此之大，使得我们的主要职业和机构都在这样的环境中运转。在这其中的除了经济体系，还有政府、法学、医疗、宗教和教育。而且，生活的方方面面也都被工商业的大环境所同化。我们似乎不知道该如何以其他方式生活，在工业化国家，汽车、高速公路、停车场、购物中心，似乎都是在人类安居乐业的任何可接受水平下生存所必需的配置。

通过互联网，更广泛的人类交流将在不需要旅行或没有物质实体存在的情况下进行，但这却无法补救或消除垃圾堆、被污染的水、贫瘠且被侵蚀的土壤、被砍伐一空的森林、有毒化学品、放射性废弃物、稀薄的臭氧层。我们目睹了这一切，但我们仍然继续制造这些化学物质、伐尽林木、污染水源、堆积大量废弃物、破坏湿地。即使工业泡沫已经渐渐消失，我们还是在这样做。石油经济时期的终结近在眼前，然而，即便是现在，工商业界仍坚定地认为，这是生存的唯一途径。

一种趋势倾向于生态取向的人们会接受经过细微修改后的现状。系统本身必须继续维持其现有的运转模式。而生态学家所提出的彻底变革的可选方案——有机农业（organic farming）、社区支持型农业（community-supported agriculture）、太阳－氢能源系统（solar-hydrogen energy system）、对城市的重新规划、对现有形式汽车的淘汰、对当地乡村经济的恢复、关于后石油时代生活方式的教育以及承认所有这些自然存在模式权利的法律体系，所有这些都太令人不安了。尽管诸如蕾切尔·卡森（Rachel Carson）的《寂静的春天》（*Silent Spring*）这样的书被证明是对等待着我们的未来的真实陈述，但那种说法仍然因被认为过于极端而不被接受。

在这颗星球及其主要生命系统全面恶化的威胁下，人类共同体从来没有遇到过需要如此突然和彻底改变生活方式的情况，而这种困难只会愈演愈烈。资本主义和社会主义之间的紧张关系，自由主义和保守主义之间的紧张关系，与我们现在面临的问题相比，都是关于细微差别的争论。

坚持将工业置于人类生存首要地位的观念正在造成地球基本资源的衰退，而这种衰退现在成了一种永久性的既成事实。这场衰退不是任何一个国家的暂时性经济衰退，也不是某种金融或商业组织的衰退，它是这颗行星在许多最基本的自身运转功能方面的不可逆转的衰退。地球根本无法承受所强加给它的负担，很多地方的空气都被污染了，不知从什么时候开始，地球上的水已经具有毒性，地球上的土壤也浸透了化学物质。我们对人类共同体的物质和精神生活所造成的后果只有很少的了解，特别是对那些自孕育之日起就生活在这种化学物质饱和环境中的儿童了解得更少。

自然界的物理退化也是人类内部世界的退化。对古老的森林的砍伐不仅意味着摧毁了美国仅存的5%的原始森林。它将失去奇妙感和威严感，失去诗歌、音乐和精神上的升华，而这种升华是由对存在的神秘感的令人惊叹的体验所引起的。这是一种灵魂的迷失，远远超过了木材的损失或金钱的损失。一旦一个地区被确定为赚钱的地方，那里的开发者们就会认为失去精神、想象力、思维或审美经验是无关紧要的。在北美，即使是在占据了95%的森林之后，开发者们仍然一边回应生态学家们的强烈要求，一边坚持认为自己有权继续砍伐仅存的几片林地。

除了已经表明的情况外，只有我们认识到自17世纪欧洲人开始定居北美大陆以来，掠夺者便一直控制着该大陆，开发者和生态学家之间紧张关系的严重性才能被充分理解。美国人从来不知道其他的生活方式。最初的定居者来到这里是为了宗教自由，也是为了获得比欧洲世界更“美好”的生活。辽阔的大陆、繁茂的海岸植被、林地、肥沃的土壤、海狸、鹿和水牛，对于所有这些的富饶程度来说，似乎没有任何人类力量能够以任何显著方式使其减少。在过去的几个世纪里，大多数生命形式的损耗都很严重。

然后人们获得了开发煤矿、金矿、铜矿和铁矿的能力，建造运河、铁路、公路的技能，以及在许多不同的地方筑坝以进行灌溉及发电的能力。从一开始，这一切就都是定居者的傲慢行径。土著居民的权利、生活着的物种的权利、自然存在方式的权利，这些都不能从定居者那里唤起他们对自己行为的充分责任感。当化学和电子工业建立起来，当电力系统建立起来，当汽车开始把废气排放到乡村时，这些事件都没有引起人们对正在发生的事情的足够的思考甚至任何兴趣。废弃物被简单地排放到空气中，或者倾倒于河流中，或者用作湿地的填料。

这一切的发展只有光明面被看到，而黑暗面（如有毒废弃物）都被否认、被忽视、被隐藏并被掩盖。现在，当这些海量的废弃物再无法被隐藏，当有毒物质开始影响人群的健康，当空气和油漆中的铅开始影响儿童的大脑功能，当“拉夫运河事件”(Love Canals)[①] 被披露，当路易斯安那州的人们开始意识到密西西比河沿岸的乡村地区已经达到被化学物质完全污染的程度时，新的力量格局便开始形成。

开发者们对生态学家的攻击已经在其普遍程度和强度上有所

---

① 拉夫运河位于纽约州，是为修建水电站而挖成的运河，20 世纪 40 年代干涸后被废弃。1942 年，一家美国电化学公司购买了这条废弃运河，用来倾倒大量工业废弃物，持续了 11 年。1953 年，这条充满各种有毒废弃物的运河被公司填埋覆盖好后转赠给当地的教育机构。后来，纽约市政府在这片土地上陆续建起了大量住宅和一所学校。从 1977 年开始，这里的居民就不断罹患各种怪病，如孕妇流产、儿童夭折、婴儿畸形、癫痫、直肠出血等。1987 年，这里的地面开始渗出含有多种有毒物质的黑色液体。这件事激起了当地居民的愤慨，当时的美国总统卡特宣布封闭住宅、关闭学校，并将居民撤离。事发之后，当地居民纷纷起诉，但因当时还没有相应的法律规定，该公司又已在多年前转让了运河，所以诉讼失败。以拉夫运河事件为契机，美国国会于 1980 年通过了《综合环境反应、补偿和责任法》(*Comprehensive Environmental Response*, *Compensation*, *and Liability Act*, CERCLA)，该法案因其中的环保超级基金而闻名，所以通常又被称为超级基金法案。于是，这一事件才有了定论，以前的电化学公司和纽约市政府被认定为加害方，赔偿了数十亿美元的经济损失和健康损失费给受害居民。(参见“拉夫运河事件”，见百度百科：https://baike.baidu.com/item/拉夫运河事件/10832199?fr=ge_ala，最后访问日期：2023 年 7 月 14 日。)——译者注

增加。一个人只要读一读大卫·赫尔瓦格（David Helvarg）的《抗击绿色的战争》（*The War Against the Greens*）就可以了解这种反对的程度。在 1992 年和 1996 年的美国总统竞选中，对自然界所遭受的破坏的漠不关心导致了对环境问题的漠视。连过去最尖锐的敌对情绪也很少引起如此强烈的受到威胁的感觉。然而，现在一种两极化已经形成，在当代生活的方方面面，在社会、政治和经济机构，在医疗和法律行业，在教育规划，在宗教传统中都得到了体现。这种生活态度的两极化弥漫在我们社会的公共和私人秩序中。

因此，对于各种各样不同的计划就会有无穷无尽各种各样的重点，但紧张局势的大框架显而易见。

在理解这些新的紧张关系时，人们只需阅读一些调查报告，如 1996 年罗纳德·贝利（Ronald Bailey）编辑的《地球的真实状态》（*The True State of the Planet*）一书对生态学家的攻击；或在《全球梦想：帝国企业与新世界秩序》（*Global Dreams: Imperial Corporations and the New World Order*）[①] 一书中，理查德·J. 巴内特（Richard J. Barnett）和约翰·卡瓦纳（John Cavanaugh）明确指出的企业的掌控力。除此之外，还可以阅读朱利安·西蒙（Julian Simon）的《最终的资源》（*The Ultimate Resource*）一书，他认为，根本不存在真正的资源问题、人口问题或土壤问题。

然而，仍然有一种倾向认为，生态学家是激进的、浪漫的或喋喋不休的新时代类型的人。如果只要我们把仅存的 5% 的古老

---

① 《全球梦想：帝国企业与新世界秩序》一书的准确英文书名及作者英文名应如括号中所示。——译者注

森林砍伐一空，就可以为现在提供就业机会，那么砍伐一空便是合理的，这就是现实主义立场。森林被视为如此多的板材，其主要价值就是被砍伐并供人类使用。而意义感，进入存在的奥秘，以及在它们面前所体验到的宏伟壮丽，所有这些对于生活必需品来说都是微不足道的，为了生活就必须开发森林，以供人类使用和体现货币价值。

这些问题要求重新定位所有行业，特别是法律行业，因为法律行业仍然专注于个人的“人”权，特别是在获取财富和开发土地的无限自由方面。一个公司聘请的为其所享有的开发利用自然界的所谓权利而辩护的律师的数量证明了那些奇怪的继续放纵破坏地球的行为的法律原则。尽管这个世界持续遭受着全球性的破坏，大学仍然在为学生们面向工商业界的职业生涯做准备。医疗行业才刚刚开始意识到，再多的医疗技术也无法使我们在一个病态的星球上成为健康的人类。

然而，在人类活动的每一个领域，都出现了一种新的意识。“可持续发展”（sustainable development）一词现在是在讨论这些问题时唯一最重要的术语。这个短语在 1987 年世界环境与发展委员会（World Commission on Environment and Development）的报告《我们共同的未来》（*Our Common Future*）中得到了体现并开始被广泛普及，而后被用作 1992 年在里约热内卢举行的联合国环境与发展会议（United Nations Conference on Environment and Development）的中心议题。这个短语在目前的形势下极其重要，甚至可以说，谁拥有它，谁就掌握了有关未来的话语权。

事实上，发展不能再像过去那样无限制，目前几乎不会有人会直接反对这样的论点。“可持续发展”这个短语如此盛行，如此普遍地宣扬对环境采取行动的主张，使得满足其要求的真实性问题现在已成为更深层次的问题。当代对保护环境的承诺是仅仅流于表面的、未及自然界实质的关注，还是真正力图限制工业活动以遏止对地球生态系统造成任何实际损害的承诺呢？

对这个短语更现实的回应是，这样的“发展”根本无法持续。我们需要的是一种可持续的生活方式。保罗·霍肯（Paul Hawken）提出的“恢复型经济”（restorative economy）已经开始实施，这比可持续性更进一步。这一观点在他的《商业生态学》（*The Ecology of Commerce*，1993）一书中被提出，其基本原则通过一个被称为“自然之道”（The Natural Step）的运动得到了贯彻。另一个对企业提出的更为严厉的批判出现在大卫·科顿（David Korten）的《当企业统治世界》（*When Corporations Rule the World*，1995）中。双方都在努力深入了解当前形势，并就未来可行的道路提出建议。

大卫·科顿在后来的《后企业世界：资本主义之后的生活》（*The Post-Corporate World*：*Life After Capitalism*）一书中提出了中间步骤顺序的建议，如果我们要融入人类在地球上的可持续存在模式，就需要这些步骤。通过进一步观察，我们可以发现，在目前工业化国家的经济福利水平上，很难普遍实现一种可持续的生存模式。据估计，要使我们目前的地球人口维持北美的经济水平，需要两三个地球。

人类和地球其他组成部分形成一个同一的生命共同体，是这项伟大事业的核心问题。我们再三强调，每一种存在方式都有其在这个共同体中的地位的固有权利，这些权利来自存在本身。人类与地球其他组成成员的亲密关系，成就了彼此以及整个地球共同体内的所有人。这是一种精神上的满足，也是一种相互支持。这是一种全身心的投入，而不仅仅是一种生存方式。在我看来，任何方面有所缺失都无法成事。我们面临的困难太大了，未来充满了未知的不确定性。现在的人口将来会面临仅剩一半的资源，对于这样的未来，我们要三思而后行。伴随着下一代人即将需要新技术的开端，他们需要一种真正鼓舞人心的生命奇观和宏伟蓝图。

目前严重退化的生态状况表明，人类智力的某些部分出现了迟钝或麻痹现象，这同时也抑制了人类的敏感性。对地球的开发是一种经济损失，这个事实无论如何都是显而易见的，特别是当我们观察到了像在海洋中发生的这种灭绝那样的事件时。与太平洋的鲑鱼和大西洋的鳕鱼遭遇相似，一些鱼类物种由于被过度捕捞贩卖，已经灭绝，这是因为人类不会将其捕获量限制在鱼类繁殖率以内，即使这种繁殖率在其产量的丰富程度上几乎是天文数字。

当有人提议我们必须继续我们的所作所为“以便提供就业机会”时，如果有更多的就业机会来修复已经受到破坏的环境，就必须将其视为一个不可接受的解决办法。在所有这些例子中，我们都可以看到灭绝生物的倾向，即对地球生命系统的毁灭，以及对地球本身的毁灭，而且不仅是对其生物的毁灭，也是对生物世界赖以生存的非生命过程的完整统一性的毁灭。

读一读商界出版物——《财富》（*Fortune*）《经济学人》（*The Economist*）或《华尔街日报》（*Wall Street Journal*），我们可以观察到限制我们工业社会追逐利润的准则是否被抛弃了，因为正是通过这种对更多财富的追求来维持“更美好的生活”的方式，才使我们感知到了“过程”。这种病态是一种无穷的压力，迫使我们去追求通过无论何种程度的消费主义都不可能满足的生活方式。就像上瘾了一样，连上瘾本身也被视为生活的方式。而真正的治疗，唯一有效的生活方式，却因为被认为太痛苦而难以接受。

我们在这里所提出的不是这个问题的解决办法，而是要澄清一个事实，即我们面前的真正问题不再是找到自由和保守的表达方式，而是一方面要找到生态学家或环保主义者的表达方式，另一方面要找到工商业组织的表达方式。社会上的每一个机构和每一种行业，都在经历一种新的力量格局调整。

重要的是，我们要了解这一新的情况、和解的内在困难以及已经产生的新语言。只有这样，我们才能理解正在讨论的问题的本质，才能领会为未来在地球上形成一种可行的人类存在模式所需要的巨大变化。我们所有的行业和机构都需要在这一新的环境中进行变革。我们必须以某种方式重塑人类本身的存在模式。最终，这意味着重新思考在这个行星演化过程中，这颗行星和我们自身各自所充当的角色。

第11章 企业故事[①]

在进入21世纪这一过渡时期后，现代工业、商业和金融企业便跻身于人们更关心的问题行列。因为，我们必须要了解这些企业在美国社会、人类共同体以及地球正常功能运转中所体现的更大的意义。

这些企业与生俱来的自相矛盾特质集中体现在其追逐经济利益的同时也要在人类事务上取得进展，同时为人们提供舒适和安全，因而使其成为给这颗星球带来毁灭性破坏的主要工具之一。在西方文明的演化进程中，还存在着其他深刻的历史和文化原因，但这些原因在现代企业的结构和运作中得到了最有效的体现。

---

① 本章将corporate、corporation、corporations首选译为“企业”，当提到某个具体的单位时则译为“公司”，当提到某些固定术语时（如“公司自由主义”等）也译为“公司”，特此说明。美国企业的发展史是一部劳动人民的血泪史，是国家整个行业的现象，故整章采用以“企业”为主，以“公司”为辅的译法，以示区分。——译者注

第11章　企业故事

“企业”一词在这里指的是过去几个世纪在美国社会经济生活中存在的工商业和金融企业。这些企业是规划中心，指导人们发现和利用现代科学技术，以及通过开发地球上的生物和非生物资源来寻求人类利益和经济收益。

只要这些企业继续通过它们的油井、汽车制造、化学制品、伐木工程、筑路工程以及对海洋生物的侵害，肆意攫取地球资源，那么地球的生物系统将继续被摧毁。过去6500万年的整个生命发展历程都将受到威胁，生活将无法提供我们人类自身这种存在形式所需的高水平的思维、想象力、情感和精神满足感。

要实现地球和人类共同体的整体生存计划，就必须以对整体生命共同体的关注取代企业努力中占主导地位的利润动机。通过对地球的毁灭性破坏来为人类谋取利益是不可接受的。在过去的两个世纪里，这颗星球所遭到的破坏带来了某种不祥的预感。正如以前我们所知道的，企业有可能自我变革，成为实现生存可行性未来的一种支持力量而不是阻碍。然而，这是我们面临的挑战。我们要么改变，要么就葬身于自身内在的核心矛盾之中。

虽然企业在不断地发展、合并和竞争，但企业的努力是建立一个统一体。企业之间的紧张关系促使每一个公司在相互竞争、威胁和支持的过程中都施加了更大的运转强度。这种在多重压力下的相互支持构成了“市场经济”，它们依赖于相同的资源基础、相同的全体公民、相同的媒体技术；它们互相服务，共同致力于同一个市场经济，某些时候共同反对任何国家或国际政府条例；它们特别抵制基于保护环境而对其活动施加的任何限制。

这些公司通过提高衣食住行的水平，为繁重的重复劳动提供机械辅助，为旅行和运输提供便利，提高医疗技术水平，从而改善了人类的福祉，取得了很大的成就。它们在许多方面减轻了人类的痛苦，但也造成了人类共同体内大范围的社会混乱以及我们食物供应资源的基因多样性缺失。

要明白这一点，只需参阅印度经济学家兼社会评论家范达娜·席瓦（Vandana Shiva）关于所谓的绿色革命有害后果的作品即可。绿色革命通过增加全世界的粮食供应而获得过广泛的赞扬。范达娜·席瓦告诉我们说，“自1970年以来，绿色革命实验毁坏了原本可以生产更多食物的土地。1/3的印度变成了荒地。旁遮普邦曾经被称为印度的小麦篮子，但现在一半的土地都颗粒无收。营养不良困扰着60%的印度儿童”（quoted in Breton, p. 214）。

我们开始探寻生命能够创造的且我们能够获得的真正的生活品质，同时衡量所付出的环境和社会成本，以及这些所谓的改善人类生活和提高这颗星球自然生命系统整体统一的功能运转的更长久的后果。印度、印度尼西亚和菲律宾是需要研究这方面的三个国家。

对于美国的部分企业来说，存在几种基本的批评意见。它们获得了公民个人与生俱来的权利，却不承担与其对公众关切的影响相称的责任。它们破坏了北美大陆的自然馈赠，腐蚀了政府。它们通过报纸、邮件和杂志，通过高速公路上的标志和广告牌，通过电话和电视，通过赞助体育和文化活动，通过利用儿童的好奇心、女性的形象和神圣的四季变换，肆意骚扰公众。它们甚至把天空当作广告牌。在社会秩序中，它们没有把利润份额分配给劳动者，而正是这些劳动者的努力创造了这些利润。

通过所有这些强行实施的行为，企业已经掌握了人类意识，以唤起对无限消费的最深层的精神强制。这种对人类意识的入侵，影响了整个社会的道德和文化生活，造成了地球的贫困。然而，企业是现代生活的基础，现代教育从高中到大学，甚至职业培训，其核心目的就是帮助年轻人做好在企业环境中工作的准备。

很明显，企业是国家的主导力量，现在已成为全球现象。在美国，它们对市、州、联邦政府和机构拥有广泛的控制权。欠发达的城市和州通过在地方法规中减少税收、道路建设、公共设施和各种地役权等形式，争相为在那里选址的企业提供福利。工业化程度较低的州向愿意往该地区搬迁的私营企业提供了大量的公共资金激励。即使在比较发达的州，这也已成为一种普遍做法。

超越国家层面，从事跨国经营的现代企业现在也可以被视为在地球上发挥作用的最有影响力的人类机构。虽然州政府和联邦政府通过颁发执照和实施条例而对企业有一定的控制权，但这些企业凭借宪法所赋予的公民地位，而拥有宪法赋予个人的所有固有自由、权利和特权。以这种方式，他们避免了对自己活动的控制，只对自己和股东负责。过去的任何一个政治帝国都不具备像现在20世纪更加强大的企业那样的控制土地和人民的能力，也没有任何一个经济体系拥有如此有效的技术来开发这颗星球的资源。那些大型跨国公司各自所拥有的资产远远超过世界上一半国家的资产总和。

这些企业现在直接或间接拥有或控制着整个地球的自然资源。它们为世界上许多人提供工作并支付工资；它们制造和销售产品；它们制定价格；它们从地球上开采各种矿石，打磨成形并销售。然而，它们对社会福利却没有相应的责任。事实上，它们反而坚持享受着政府拨款和免税，也就是现在所说的“企业福利”。

企业的这种控制始于欧洲世界的殖民势力为掌控当时欧洲国家的宗教、政治和经济势力的利益而对整个地球进行侵略、占有及开发的时期。在欧洲势力占领的这些地区中，对现代世界影响最大的是自1606年开始就被英国占领的北美大陆中部地区。

这一地区是由英国国王以企业的方式特许一些团体建立的，这些团体占领并且开发了这一难以被清晰界定的地区，他们在主要为英国攫取利润的同时也为了满足殖民者的野心而四处掠夺。为了清晰了解从早期到现在的一系列事件，我们将简要回顾企业在美国的历史。

企业的早期阶段始于一些地产公司的兴起，如弗吉尼亚公司（1606）和普利茅斯公司，1606年获得特许成立，1620年再次获得特许成立为新英格兰公司。后来，殖民开拓地的所有权被转让给个人：1681年，现在的宾夕法尼亚被转让给威廉·佩恩（William Penn）；1632年，马里兰被转让给卡尔弗特勋爵（Lord Calvert）；1663年，卡罗来纳被转让给8位领主。在纽约地区，荷兰西印度公司的创始人伦斯勒（Rensselaer）等部分领主获得了大量土地转让。1644年去世时，他所拥有的财富包括了现在的哥伦比亚县、伦斯勒县以及纽约州的奥尔巴尼县。在18世纪的弗吉尼亚，威廉·伯德二世（William Byrd Ⅱ）拥有10万英亩[①]的土地。罗伯特·卡特（Robert Carter）留下了50万英亩的地产。乔治·华盛顿（George Washington）和其他人组成了一个

① 1英亩=4046.86平方米。——译者注

拥有土地的精英阶层，他们所拥有的财产预示着将在以后获得的企业财富。这个精英领主阶层成了后来控制欧洲大陆经济生活的企业人员的先驱。

1812年，当土地转让办公室（Land Grant Office）成立时，联邦政府拥有7.56亿英亩土地。为了让土地归人民所有并为政府开支提供资金，土地以最低的价格被公开出售。这一机会导致了土地投机商的兴起，他们购买大片土地，然后将其出售，以获取丰厚利润。这种将土地作为商品，由个人企业家自由买卖以获取经济利益的态度，是对欧洲过去几个世纪一直在发展的普遍土地观的进一步发展。渐渐地，对自然界神圣层面的崇敬，甚至对作为共有的土地的意义的崇敬，尽管在欧洲意识深处还一直存在着，却仍然被进一步削弱了。

殖民者发现很难以任何创新性的方式与这块大陆联系起来。西方文明中对荒野的一些古老恐惧，要么导致对大陆各种生命形式的直接攻击，要么导致出于某种功利目的的征服。土地被用于定居及占有，土壤被用于耕种，森林被用于采伐木材，河流被用于旅行、灌溉田地和发电。狼、熊和蛇等动物是为了被猎杀，海狸、鹿、兔子和信鸽等动物是为了提供皮毛或食物。鱼，在整个溪流、河流和沿海都是如此丰富，是为了被捕捞。北美洲确实是一个富饶的大陆，以“进步”或“发展”的名义等待着人类的开发。

后来，自然主义作家、学者、艺术家、诗人和一些宗教人士都对这块大陆的奇幻和灵妙产生了一种潜在的欣赏，他们能够理解人类对自然界的需求，激发想象、情感和理解的内在生命，并传达出一种神圣感。然而，在大多数情况下，殖民者带来了他们的圣经，这就是他们精神上的灵感所需要的一切。他们对参与这片大陆所提供的深层精神交流犹豫不决，因为这可能会使他们成为异端。

一些对科学感兴趣的人，比如卡德瓦莱德·科尔登（Cadwallader Colden，1688—1776），他是一位对纽约地区的植物进行了分类的医生，他与瑞典植物学家林奈（Linnaeus）进行了广泛的交流，林奈创建了科学分类方案，至今仍被应用于植物学研究。还有其他一些同样对科学感兴趣的人，如约翰·巴特拉姆（John Bartram，1699—1777），他收集植物物种并在费城建立了一个植物园。他的儿子威廉·巴特拉姆（William Bartram）游历了美国东南部各州并收集了沿途的动植物物种。约翰·劳森（John Lawson，1674—1711）游历了卡罗来纳地区，同时对途中发现的各种植物和动物生命形式做了大量的记录。这些人为后来的自然主义者如亨利·梭罗（Henry Thoreau，1817—1862）和约翰·缪尔（John Muir，1838—1914）创造了科学背景，他们与北美大陆的自然生命系统建立了更紧密的联系。

这就是后来形成的紧张关系的背景，一方面是对自然界采取功利主义态度，后来的企业都以此为基础；另一方面是与这片大陆建立审美和文化方面的亲密感，这也引起了贯穿整个19世纪和20世纪的环境运动。19世纪下半叶，这个国家意识到应该保护一些自然区域，尽管在诸如林务局（1898—1910）局长吉福德·平肖（Gifford Pinchot，1865—1946）这样的人看来，这主要是为了保存这些区域以供后代使用。平肖对土地主要功用价值的认识导致了他与约翰·缪尔关系的严重破裂，因为约翰·缪尔对土地的欣赏更深刻地源自荒野所提供的人类精神、审美和文化需求。

企业在美国的第二阶段可能被确定为运河和铁路阶段。运河阶段始于1817年，当时纽约州决定修建一条从哈德逊河（Hudson River）到伊利湖（Lake Erie）363英里长的运河，该工程于1825年竣工。这类项目是由州特许的公司进行的，并赋予了征用权，这个权利因可以产生公共效益而合理合法。通过这种方式，拥有所有自然资源和巨大农业生产潜力的大陆内陆与纽约市相连，纽约市随后便成了大西洋沿岸地区五大主要商业城市中最先进的城市，这5个城市是：波士顿、纽约、费城、巴尔的摩和查尔斯顿。伊利运河早期的繁荣刺激了众多其他运河的修建，这些运河连接了阿巴拉契亚山脉的大西洋一侧和内陆，也连接了切萨皮克和特拉华等水道。在内陆更远的地方，运河连接了伊利湖和瓦巴什河（Wabash River），密歇根湖（Lake Michigan）和伊利诺伊河（Illinois River）。

虽然这些运河归私人企业所有，但由州政府提供补贴。人们对这些经济上有利可图的项目的开发热情几乎达到了狂热的程度。然而，这一时期以运河为基础的商业经济扩张仅持续了大约30年，到了1850年左右，铁路开始接管这个国家的运输活动。

第一条铁路于1830年在巴尔的摩和俄亥俄开始运营，而从巴尔的摩到惠灵的铁路则是美国第一条商业铁路。这个运河－铁路占主导地位的时期从1817年一直延续到内战之后。政府为资助西部铁路事业而转让的土地是1.3亿多英亩。这就是政府对私营企业的转让规模。对北太平洋铁路的大型转让造就了几大木材公司：韦尔豪泽、波特拉克和博伊西·加斯凯德。

后来，美国西部地区更广泛的地区也加入了其中。1864年，北太平洋铁路的全部转让故事，由德里克·詹森（Derrick Jensen）和乔治·德拉芬（George Draffan）与约翰·奥斯本（John Osborn）在《铁路与砍伐一空》（*Railroads and Clearcuts*）中进行了讲述。它们描述了由于这些土地赠予而导致的该地区生物系统的恶化。（p. 56）

尽管美国第一笔惊人的财富是约翰·雅各布·奥斯塔（John Jacob Astor，1763—1848）通过建于1808年的美国皮草公司获得的，但铁路运输所带来的财富更多。这些财富包括科尼利尔斯·范德比尔特（Cornelius Vanderbilt）的纽约中央铁路公司、詹姆斯·希尔（James Hill）的北太平洋铁路公司、爱德华·亨利·哈里曼（Edward Henry Harriman）的联合太平洋铁路公司、利兰·斯坦福（Leland Stanford）的中央太平洋铁路公司、科利斯·波特·亨廷顿（Collis Potter Huntington）的南太平洋铁路公司；还有很多实业家，他们创建并控制了整个大陆修建铁路的企业。铁路提供的旅行和运输设施使整个大陆都能进行密集型工业和商业发展。

第三阶段是现代企业真正形成的阶段，始于内战后伴随着石油的不断发现以及电力、石油化工和汽车制造工业的兴起。内战结束后的技术成果为美洲大陆采取新型控制模式提供了所需的能源和工程技术。正是在后内战时期，美国成了一个城市工业社会，人们依靠工资收入来满足个人和家庭生活的基本需求。

这个时期企业的发展带来了两个重大的变化。一个是早期意识到新工业对自然界的危害，并开始了自然资源保护运动。另一个是社会各界抗议对工人的剥削。工人们在矿山、建筑业修建、修理道路和桥梁、挖下水道、烧钢炉以及其他许多繁重的体力劳动方面，从事着艰苦而危险的工作，而这些工作正是工人们为了打造我们的工业世界而做的。认识到工人无法相应地得到自己所创造的利润份额是一种痛苦的体会。

各种企业的收入分配不均，几乎立即导致整个 19 世纪的一触即发的愤恨，霍华德·津恩（Howard Zinn）在其《美国人民的历史》（*A People's History of the United States*，1980）中将其称为“另一场内战”。工人和工业机构之间的紧张关系最终导致 1886 年芝加哥麦考密克收割机厂的罢工和 1892 年匹兹堡附近安德鲁·卡耐基（Andrew Carnegie）的霍姆斯泰德钢铁厂的罢工。在霍姆斯泰德，一些工人被雇佣来镇压罢工的平克顿侦探社的人杀害，还有另一些工人受伤了。

此时，出现了更为重要的著作，以抗议美国工业发展的现状：1879 年，亨利·乔治（Henry George）的《进步与贫困》（*Progress and Poverty*）；1894 年，亨利·德马雷斯特·劳埃德（Henry Damarest Lloyd）的《财富与国民的对立》（*Wealth Against Commonwealth*）[①]。安德鲁·卡耐基在 1889 年发表了一篇关于财富的文章，这篇文章被称为《财富的福音》（“The Gospel of Wealth”）。他为个人财富的过度积累辩护，进而提出为了代表社会开展伟大的事业，有必要让一些人变得极其富有。他本人亲自赞助的文化教育惠民工程，证实了他的提议的诚意。

阿历克西·德·托克维尔（Alexis de Tocqueville）在《美国的民主》（*Democracy in America*）一书中指出，美国人民对个人

---

① 英文版书中为 *Wealth versus Commonwealth*，应为 *Wealth Against Commonwealth*。——译者注

主义的强烈追求，加上对私有财产的强烈信仰，完全符合查尔斯·达尔文（Charles Darwin）在《物种起源》（*Origin of Species*，1859）一书中所提出的基于自然选择的进化理论。赫伯特·斯宾塞（Herbert Spencer）的教学借用“适者生存”一词，并由自1872年起就在耶鲁大学教学的威廉·格雷厄姆·萨姆纳（William Graham Sumner，1840—1910）在美国进一步对其进行推广发展。萨姆纳向他的学生们传达了一个深刻的观念：人类冒险的进步是从为生存而进行的不懈斗争中获得的。

在萨姆纳看来，人口增长，加上收益递减规律，构成了“推动人类取得一切成就的铁鞭……”（Smith，p. 141）。进化发展的规律是无情的。“强者幸存，弱者倒下。通过这个自然选择的过程，使这个种族得以生存和进化。帮助弱者就是污染基因库，对进化过程产生负面影响……社会组织程度越高，立法规定就越恶化。”（Smith，p. 142）试图通过宪法反对这样的教导是徒劳的，权利法案会偏袒那些拥有大量财富的人。

企业如此恶劣地对待工人，对自然界造成如此大的破坏，不仅仅是因为个人对权力和财富的渴望，还因为一种神话般的感觉，即企业控制之下的工业程序，是由适者生存的学说所驱动，是实现人类历史命运的命中注定的实现方法。这种命运是一种工业技术奇迹的实现，一种深刻的人类实现的状态，一种随着第二次世界大战（以下简称“二战”）后塑料、电子和计算机领域的新时代的成就而出现的对未来的憧憬。这样的成就被认为是所有的施加压迫和所有在过程中造成破坏的充分理由。人类的天赋所获得的“对大自然的控制”的进步感表现为自由企业的经济竞争。这两种态度源于达尔文主义，可以被看作美国工业和企业控制的背景。在其所造成的更严重的后果中，这些态度导致了对美洲大陆乃至地球本身的肆意掠夺。

整个美国社会都陷入了正在发生的变革之中。从最初到现在，企业一直宣称，只有通过繁荣的工商业和金融机构才能实现公共福利，这些机构的福利由经营权阶层和所有权阶层自由分配，而仅提供给付出了这一过程中所需的劳动和技能的人最低报酬。政府对这些机构的任何监管都被认为是对市场经济中支配商品生产和销售的自然法则的侵犯。

如宪法序言所述，政府关注“建立正义”，确保“国内安宁”和“促进普遍福利”。企业致力于个人利润的无限增长，除了为了“国内安宁”而牺牲“建立正义”和“普遍福利”之外，几乎不能有效地将其相互联系在一起。当政府在工人和领主之间的斗争中维护公共秩序的功能受到挑战时，政府始终站在企业一边，为了维护现有秩序，反对那些被压榨人力劳动的工人。

由于这些公司有能力抵制政府的任何管制，它们通过诸如森林伐木、河流筑坝、山区采矿、草原放牧等合法或非法使用公共资金和公共财产的手段发展起来。其中，很大一部分主要是通过操纵媒体对该国立法机构施加影响，以及对司法和行政部门施加直接和间接压力来实现的。

由于企业控制着生产工具，而且各州和联邦政府都没有任何适当的法律体系来处理剥削民众、滥用公共财产或掠夺自然环境的行为，这些企业在19世纪和20世纪大部分时间内几乎没有受到过限制。无论是1887年成立的州际商业委员会，还是谢尔曼反托拉斯法（*the Sherman Antitrust Act*），都未能阻止土地被继续开发。即使在美国国家环境保护局于1970年成立后，国会也只愿意在例外情况下以有限的方式对其进行支持。

在劳伦斯·弗里德曼（Lawrence Friedman）的《美国法律史》（*A History of American Law*）一书中，我们可以读到，在19世纪，“投资市场是完全不受监管的；没有一个证券交易委员会（SEC）[①]来保证它的诚实，而且发起人的道德水平低下得令人绝望。那是一个趁火打劫的时代，在这一时期，范德比尔特（Vanderbilt）、杰伊·古尔德（Jay Gould）和吉姆·菲斯克（Jim Fisk）这样的人就股市、经济、铁路企业的身份等问题展开了卑劣的竞争，投资大众被无情地诈骗”（Friedman，p. 513）。值得注意的是，最高法院在1886年圣克拉拉和南太平洋铁路公司之间的案件中正式承认公司的自然人身份。自此，公司法一直是美国法中最重要的问题之一。

20世纪至“二战”期间的企业故事是一个不断扩张的故事，它们贪得无厌地将这片大陆的财富和人民的劳动据为己有。最大的收益来自通过采矿、灌溉、放牧特权、伐木、油井以及农业和交通补贴而占用的公共土地和资源。在这个国家，除了通过公共补贴形成的产业之外，几乎没有什么产业形成或繁荣起来，尤其是那些大坝，由企业掌握控制权，由私人获得收益，却由公共经费来出资建造以向美国西部地区提供能源、灌溉和饮用水。这个故事由马克·赖斯纳（Marc Reisner）在《卡迪拉克沙漠》（*Cadillac Desert*，1986）中被完整地讲述。

企业的第四阶段始于1945年“二战”结束。不管战争的其

① SEC全称为United States Securities and Exchange Commission（美国证券交易委员会）。——译者注

他后果如何，人类关切的范围超出国界是最重要的。这一广泛关注的主要工具是 1945 年成立的联合国及其所属的社会、经济组织和相关机构（如世界银行和国际货币基金组织）。人类以这种方式建立了一个更宽泛的背景，从那时起，人类事务就一直在这个背景中进行。

在最近一段时间里，有 3 个术语可以被用来描述美国大企业的运行：企业自由主义、企业福利和企业殖民主义。这些术语都由大卫·科顿（David Korten）在《当企业统治世界》（1995）[①]一书中详细论述过。

“企业自由主义”一词是指企业坚持以法律未明确禁止的任何方式开展其工作的自由。对企业的适当控制的缺乏，使它们能够利用这片大陆的资源来榨取利益，然后将废弃物处理问题作为一项公共责任来处理。对公共领域的任何污染都被视为外部因素，是企业运作的一个方面，公众必须为此承担健康后果和经济成本。尤其是农业公司，它们很少关心因使用化肥、杀虫剂和除草剂而对这片大陆生物系统所造成的破坏。后来在它们被要求承担清理残余物的费用时，它们坚持认为这是政府的责任，应由来自税收的公共资金支付。

“企业福利”一词是指政府利用公共资源支持工商企业，为自己、为人民、为社会谋福利。尽管几乎每一个行业都是在公共土地和公共资金的支持下形成并生存下来的，但政府的监管力度却并不强甚至根本不存在。核工业和通信工业，与交通、建筑、

① 英文原书误写为 1994，经查证此处应为 1995，且在上一章即第 10 章，英文原书第一次出现时亦为 1995。——译者注

对外贸易等其他产业一样，都是在大量的公共资金投入和公共土地拨款的基础上发展起来的。这种发展，特别是在核领域的发展，很大程度上是由军方提供资金而实施的，其预算几乎是无限的。即使是20世纪50年代艾森豪威尔（Eisenhower）总统执政时期开始建设的州际高速公路系统，也有90%的建设资金是出于国防目的而被资助的。

目前的趋势是，在企业的努力推动下，政府被视为财政资金的来源。然而，就任何管制或条例而言，政府则经常被视为腐败性而非保护性的，被视为民众的敌人而非保护者，被视为压迫性的官僚机构而非共同体公共秩序和福祉的主要来源。

似乎很少有人意识到，不受企业压力影响的政府是最强大的力量，依靠这种力量，人们能够以个人身份来对抗大型企业，以及它们对一个国家事务的综合影响。大企业需要大政府，除非民众愿意接受以企业为政府。这种把企业的福利和民众的福利以及政府作为民众的守护者的认同，导致了绝对坚持把社会的一切福利首先给予企业。然而，它们的首要义务却被认为不是面向共同体的，而是面向它们的股东的。

现在，各国经济正在进入一个新的发展阶段，同时，国民经济显示出了其原来的不足之处。商品生产或消费的所有有效要素都在向全球经济转移。经济发展在“二战”后的主要成就之一，就是在被世界上工业化程度较高的国家占领为政治殖民地的国家里，使世界各国人民恢复政治独立。然而，现在通过新的自由贸易政策，前政治殖民地已成为主要由跨国公司通过世界银行和国际货币基金组织控制的经济殖民地。这种新情况被称为“企业殖民主义”。

在早期的西方历史中，人类的最高机构是民族 – 国家。这是 19 世纪的难以想象的现实，是人类事务的终极所指，除了这种至高无上的权威之外，不再有任何更高的世俗力量可以被诉求。这仍然是公认的“国家”的定义，尽管新发展的国家的相互依存关系深深折中了国家绝对统治的现实。然而，除了政治上相互依赖的问题之外，企业现在已经成为国家内部和更大的国家共同体中的主要权力中心。

民族 – 国家已屈从于经济企业。这些企业现在的运作规模已超越任何国界。它们把整个人类共同体乃至整个地球都纳入了自己的控制之下。人类工程的全球化和地球经济的全球化正在达到以全新的和决定性的方式所界定的未来的极限，因为在地球之外，没有任何有效的方式能再进一步扩张。

在大多数关于企业界及其所造成的后果的讨论中，人们主要关注的是社会问题。直到最近，人们还很少考虑先进的工业、商业和金融机构对这颗星球的生命系统所造成的灾难性影响。

这种情况引领人类步入了企业历史的第五阶段。这一阶段可以被确定为从企业经济的毁灭性阶段过渡到企业认识到人类经济只能作为地球经济的一个子系统存在的时期。尽管目前的任何全面变革都会超出预期设想，但现有的企业终于开始认识到，它们只能在自然界有限的资源范围内生存。

1972 年，联合国斯德哥尔摩会议首次公开承认人类需求与地球资源之间即将陷入僵局。这次会议之后，各国代表回国，成立了第一批环保机构，同时在关于企业方面有些不情愿。1980 年，扎伊尔（Zaire）提出了《联合国自然宪章》（*United Nations*

Charter for Nature)[①]。经过 1981 年的讨论，宪章于 1982 年通过。这可以被认为是迄今为止得到国际社会认可的关于人类 - 地球关系的最好的官方声明。

1983 年，联合国成立了一个世界环境与发展委员会。该委员会主席格罗·哈莱姆·布伦特兰（Gro Harlem Brundtland）于 1987 年提交了一份题目为《我们共同的未来》（*Our Common future*）的报告。它的基本内容是，人类共同体必须认真考虑地球的经济局限性，团结一致走进未来。

该报告中出现的意义深远的短语是“可持续发展”。这个短语成了 1992 年举行的联合国环境与发展会议的主题，该会议还为此精心制定了第 21 号议程，但这一议程的作用在企业的现实中收效甚微。由于“可持续发展”这个短语存在着某种矛盾之处，所以之后被改成了“可持续未来”，这是一个更容易被接受的短语。

困难在于，到目前为止，这些企业仍然不相信有必要使自己的职能和活动范围与地球实现的可能性协调一致。然而，即使是现在，人们对可持续发展的努力也在不断增加。这个问题是为了长久的未来，它不会消失的。尽管首席执行官们和其他企业高管们仍然坚持认为，是他们，而不是迄今为止控制着地球及其人类存在的功能和命运的自然力量，知道如何更好地指导这颗星球及其人类共同体的命运，但这一议题必将指向一个对可行未来的希望。他们以一种特殊的方式坚持着，只有世界银行、国际货币基

---

① 此处 *United Nations Charter for Nature* 全称应为 *The United Nations World Charter for Nature*，译为《联合国世界自然宪章》。——译者注

金组织和世界贸易组织等的大型项目才能实施这一目标。他们建议，这项工作必须在国际商会、世界可持续发展商业理事会、国际标准化组织和世界环境工业理事会的支持下进行。

与这一观点相反的是众多有识之士所认同的英国经济学家恩斯特·弗里德里希·舒马赫（Ernst Friedrich Schumacher）的观点，即“小即是美”，这意味着未来最深刻的答案和最可行的经济计划是那些与土地有密切关系的计划。只有在有限的人群中才有真正的亲密关系，因此，只有在有限的土地上，才能保持丰富和持续的耕作。正如罗格斯大学的自然保护生物学家大卫·埃伦菲尔德（David Ehrenfeld）所指出的，我们已经失去了在传统工艺和农业技术方面所拥有的大量关于亲密关系的知识，失去了在人类共同体和自然界之间建立关系的知识，而自然界与大型商业项目相比，物产丰富，破坏性也小得多。大规模生产和分配比我们所认识到的代价更高、产出也更少，特别是在农业领域。

关于企业的第五阶段，在美国自 1972 年开始，这个问题已经逐步成为人类共同体中最有影响力的公众人物和个人所关注的焦点，毕竟在即将到来的新世纪，这个残酷的事实需要得到妥善的处理。在我们开启 21 世纪的冒险之旅时，企业问题如何发展在很大程度上决定了人类共同体的命运。

当听到企业把“供养世界”说成是一个全球性的事业时，我们只能回应说，养活每一个地方共同体是它们自己的事。养活每一个地方共同体也属于任何与其居住地区有密切关系的民族。这包括相互滋养，在维持一切的自然力量的持续指引下，土地及其所有有生命的组成成员相互滋养，自然力量将我们聚集在一起，保证了我们的存在，并指引我们在所居住的这颗星球的更大格局中履行各自不同的责任。

当我们反思这一试图接管“供养世界”责任的庞大的全球企业的无理要求时，只能惊叹地球上的人口已减少到仅由少数企业就能照顾的地步。我们甚至可以得出这样的结论：“孟山都[1]母亲”带着永远不会发芽的种子，希望自己能接管大自然母亲的角色。世界人民需要彼此的帮助，只有这样的帮助才能使他们通过做自己应该做的事情来履行自己的责任。而世界各地的地球村村民们，实际上就是我们所有人。我们每一个人都需要从自身所拥有的卓越创新天分的模式中得到助力，而不是沦为某个地处遥远的企业的特许经销商。

---

① 孟山都（Monsanto）公司，美国的一家跨国农业公司，也是全球转基因种子的领先生产商。——译者注

第 12 章 榨取型经济

当我们开始审视自己在历史命运中所处的位置时，可能会观察到三个事件，这三个事件可以被视为决定我们在 20 世纪末局势的标志性时刻。

这些事件中的第一件发生在圣经－基督教强调将人类的精神性与希腊人文主义传统相结合，以创造一种人类中心主义宇宙观的时候。此时，地球上的人类和非人类成员之间可能呈现出某种间断性。在基督教早期的几个世纪里，人类与自然界其他组成成员一直保持着完整统一的关系。自然界被认为是神圣的表现，是神圣与人相遇之处。然而，地球是一个独立的完整统一的共同体，每个人都有其固有的价值，并根据其存在方式享有相应的权利，人类则是这个伟大共同体的组成成员之一，这种信念在几个世纪的过程中，由于过分强调人类是远离物质宇宙的精神存在而被削弱了。

第二个历史时刻发生在这种精神和人文之间的疏离加深到形成一种错觉的时候，即自然界是对人类身心健康的实际威胁。这种错觉产生于1347—1349年横扫欧洲的黑死病，这种病造成了当时欧洲至少1/3的人的死亡，与之相比，更多比例的共同体领袖者们因此死亡。1348年夏天，意大利佛罗伦萨的9万人中，只有不到4.5万人幸存下来。在锡耶纳，4.2万名居民中只有1.5万人幸存。（Meiss，p.65）

由于当时的欧洲人对细菌一无所知，他们根本不知道发生了什么事。于是他们只能得出这样的结论：因为人类已变得如此堕落，所以上帝正在惩罚这个世界。最好的办法是强化信仰的信念，以寻求从世界中被救赎。绝望造成了道德在某种程度上的崩溃瓦解，与此同时，一种新的更高强度的精神献身发展了起来。那种对世界的精神怀疑开始形成，并从过去几个世纪一直持续到我们现在所处的时代。

于是，世俗与精神的分裂加剧了。它们互相分离，并在某种意义上被另一个抛弃。因此，工商业摆脱了精神上的束缚，在科学技术的帮助下，夺取了对自然界的控制权，迫使自然界屈从于人类的便利，并为自己带来了巨大的利益。一旦了解了当前这种形势所产生的历史背景，我们就可以继续了解所发生的一切，也可以清楚地认识到应如何着手采取补救措施。

第三个历史时刻发生在19世纪最后20年，当时出现了更为严峻的局势。这是关键的几年，从某种意义上说，美国乃至人类共同体、地球的现代命运是在此时被决定的，这是从有机经济向榨取型经济过渡的几年。在现代公司控制下的现代技术和工业设施似乎使人类绝对地征服了大自然的力量，它们的确已经做到了人类历史上从未有过的对大自然的掌控。约46亿年来控制地球功能运转的地质生物系统的整体统一功能受到人类的入侵，人类决意以对人类即时有益的方式利用地球资源和自然界无限微妙的功能，而不考虑对地球自然生态系统的影响。

直至现在，我们才明白这是一个牵一发而动全身的时刻，我们一旦开始行动，就意味着会影响空气、水和土壤的化学成分，甚至干扰这颗星球上的整个有机生命网络。保护地球有机生物形态免受太阳紫外线伤害的臭氧层将被削弱，热带雨林也将遭到严重破坏。燃烧化石燃料的残渣会导致大气中二氧化碳过量，并可能导致全球气候产生变化。人类中一些具有远见卓识的生物学家们基于他们对地球生物系统的知识告诉我们，从中生代末到现在的 6500 万年里，从未发生过这种程度的物种灭绝。

人类几乎没有意识到自己将人类共同体的整个运转建立在榨取型经济基础上所造成的后果。有机经济本质上是一种不断更新的经济。榨取型经济本质上是一种终结式经济，同时也是一种具有生物破坏性的经济。只要我们生活在这颗星球生物系统季节性更新产物的恩赐之下，显然可以继续生活到无限的未来。然而，一旦建立了一种依赖于从地球上提取非再生物质的生活方式，我们就只能在这些物质持续存在的情况下维持生存；或者依赖于地球的有机功能不被提取和转化这些物质的暴力入侵所摧毁的可能性而幸存。另一个更严重的困难来自由此产生的污染物，特别是来自化学工业的污染物。

金属通常来自经过冶炼过程炼化的矿石，这些过程会释放出污染环境的污染物。石油等液体必须被深度加工，才能为卡车、汽车、飞机、发电机或其他能够内燃的机器提供燃料。石油可用来生成制造织物用的纤维，也可用来制造塑料。在所有这些情况下，都会产生有毒残留物，但目前对此却没有适当的处理方法。

这些污染物散布到空气、水和土壤中，就会导致有毒残留物在整个地球上扩散。即使在石油带来的益处方面，人们也几乎不会注意到这样一个事实，即再过40年，我们将消耗80%以上的可用供应。到21世纪结束的时候，正如我们所知，石油将完全枯竭，而且它的形成条件再也不会出现了。

榨取型经济所造成的另一个困境是，它所利用的工程技术将可再生资源转化为了不可再生资源。当我们通过化肥、杀虫剂或除草剂来开发地球上的土壤，直至耗尽这些土壤的养分或彻底毒化这些土壤时，就会发生这种情况。甚至在渔业中，基于对电子仪器、流网和工厂渔轮的使用，我们也能够通过终结它们的繁殖来耗尽世界海洋和河流的水产资源。

向榨取型经济过渡的准备工作由来已久。在早期的几个世纪中，人们信奉把有用的知识作为唯一有价值的知识的理念。在美国历史早期，以古典文学和思想传统为基础的人文教育是教育的主要内容，从高中到大学，再到研究生院多年的专业培训，对科学有用知识的追求逐渐被融入课程。将有用知识作为一种教育理想可以追溯到1754年本杰明·富兰克林（Benjamin Franklin）领导的美国哲学学会成立时的宗旨。有用的知识被认为是使人类能够利用自然的正常过程为人类获取特殊利益的知识。

由此形成的一种精神上的冲动，甚至可能是一种进步的神秘主义，驱动着工商业企业家以及科学家和工程师的工作。一些科学家确实执着于对知识的追求。然而，更多的人是被对于那些能够掌控他们周围世界的令人敬畏的力量的追求所驱使。突然间，商业企业家意识到，利用这些力量使人类共同体从多年的苦难中解脱出来，有可能获得经济利益；这种意识又与充满丰富世俗乐趣的生活诱惑结合在一起。它们都有难以拒绝的吸引力。

如果我们能够仅把地球看作一个自然资源的集合，而不是一个值得崇敬的神秘实体，也不是一个人类体会幸福圆满生活的更大的共同体，那么现在就可以广泛地获得其中的许多好处。而终极需求是系统地安排、组织、集合所有的人类力量为这颗星球打造一个新的功能运转模式。

协调这整个过程所需的机构是在这个时候以现代公司的形式出现的，其由大型资本提供资金，由董事会指导和控制，由首席执行官领导。首席执行官们相信自己能够以比大自然更好的方式重新组织这颗星球。他们的任务是在消费经济允许的限度内，尽可能全面地开发这个大陆乃至这颗行星。在美国，用来形容这种强行通过获取和开发领土来榨取地球的词语是“天命论”[①]。

直到19世纪末，无论是书本的知识还是科学的技术，都无法将这个国家的整个经济结构从农村农业基础转移到城市工业环境中。到了19世纪80年代和90年代，令人敬畏的科学力量才在机械、电气和化学技术领域得到体现。大量复杂的工程工作在广泛的科学研究和创造性想象力的指导下进行。

贝西默转炉炼钢法（the Bessemer converter）发明于1856年，高速内燃机发明于1883年，很多发电和用电的方法也渐渐被发明。最值得注意的是，1876年，托马斯·爱迪生（Thomas Edison）建立了第一个研究实验室，致力于通过科学观察和实验

① Manifest Destiny，天命论，19世纪中后期，美国为其在北美大陆的领土扩张运动而宣扬的一种理论，以此掩盖其侵略本质。历史学家普遍认为，该词最早于1845年由杂志编辑约翰·L. 奥沙利文（John L. O’Sullivan）提出。——译者注

进行新发明。他早期最辉煌的成就是1879年发明了白炽灯泡。1880年，伦敦建造了第一个发电厂，为街道照明供电。次年，纽约也建造了一个类似的发电厂。

当我们回顾19世纪末的这一时期时，我们看到了当今石油、电力、电话、钢铁化工、制药、造纸和汽车工业中占主导地位的公司有多少是在当时和随后的几十年中形成的。因为人类历史上没有任何其他事件的后果可与中断这颗星球的演化过程的后果相提并论，所以，列出其中一些公司并观察其中有多少公司仍然控制着人类事务和地球演化过程，可能会对我们有所帮助。

石油方面：俄亥俄州标准石油公司成立于1870年，大西洋里奇菲尔德公司成立于1870年，埃克森公司（新泽西州的标准石油公司）成立于1882年，美孚公司成立于1882年，阿莫科公司成立于1889年，荷兰皇家石油公司成立于1890年，德士古公司成立于1902年。

公用事业方面：美国电话电报公司成立于1885年，威斯汀豪斯电气公司成立于1886年，通用电气公司成立于1892年。

化工方面：杜邦公司始建于1802年，1903年在新泽西州成立公司，1915年在特拉华州成立公司。陶氏化学公司成立于1897年，雅培实验室成立于1914年。直到第一次世界大战（以下简称“一战”）后德国的专利被没收，化学工业才在美国全面发展起来。联合碳化物公司成立于1917年，联合化学公司成立于1920年。

制药方面：强生公司成立于1887年。克林顿制药公司成立于1887年，并于1900年成为百时美公司。

造纸和木材方面：斯科特纸业公司成立于1879年，国际纸业公司成立于 1898 年，韦尔豪泽公司成立于 1900 年。

钢铁方面：卡耐基钢铁公司成立于 1873 年，琼斯和洛克林公司成立于 1889 年，美国钢铁公司成立于 1901 年。

汽车方面：福特汽车公司成立于 1903 年，通用汽车公司成立于 1908 年。

这些公司中的大多数的主流影响力在历经一个世纪后仍然存在，其不仅控制了人类共同体，而且还在某种意义上侵入了地球本身的运转功能。在人类社会，它们首先在经济领域，而后在政治和教育领域确立了自己的地位。这些公司以及在欧洲和亚洲建立的其他公司已经控制了整个人类共同体，甚至干涉了自然界广大领域的运行。

在 20 世纪指导人类事业的所有基本机构中，领导公司的企业家成了主导力量。处于科研项目中的大学机构越来越多地致力于为企业服务，如工商管理学院、法学院、通信技能培训学院和政治学院。“二战”后时期，企业的力量尤其体现在化学和通信工业以及太空探索上。

“二战”之后，化学工业方面出现了新的发展契机，大规模扩张行动应运而生。1940 年，美国每年生产 50 万吨化工产品。根据最新的《诺顿化学史》（*Norton History of Chemistry*），20 世纪 90 年代，我们化工产品的产量达到每年 2 亿吨（p. 654）。这些化学物质多数是无法被回收到自然界的正常有机运转过程中的。

在整个流程中，一个不可或缺的环节是法律行业和司法部门。从 19 世纪初开始，美国的法律行业和司法部门就与企业家和他们的商业风险投资项目建立了联系，甚至在这个早期阶段，就与普通公民、工人和农民为敌。正如哈佛大学法律史系主任莫顿·霍洛维茨（Morton Horowitz）在他的研究《美国法的变迁：1780—1860》（*The Transformation of American Law*：1780—1860）中所说的，“到了19世纪中叶，法律体系已经被重塑，以牺牲农民、工人、消费者以及社会中其他弱势群体为代价，使商业和工业的人受益”（Horowitz，pp. 253－254）。

工商业企业的福祉，已经与国家的繁荣富强和民众的幸福紧密相连。企业利益与民众福祉的这种共同利益的联系极其紧密，政府开始将对它们的支持作为自己的首要义务，而对其程序、工业、商业和金融企业的经营方式没有任何有效控制。政府管控工业、商业或金融机构的任何努力都被视为对经济秩序正常运转的干扰。政府的主要目的是用公共资金和资源补贴私营企业对自然界的掠夺。

以下这些力量和条件产生了一种联合作用，这些力量和条件是：随着信奉实用知识的思维传统的发展，科学传统和研究实验室都致力于发现人类统治自然世界的新方法；随着工程技术学校的兴起，经济学院和工商管理学院为企业内部的职位培养了大量的学生；各种新闻媒体、广告媒介和体育赛事，所有这些都因得到了商业工业公司的支持而遵从于它们；法律行业组织和政府结构都是为了支持工商业；无关宗教；从市场纷纷扰扰中退场的精神力量。在它们所形成的联合作用的影响下，自然界在整个20世纪一直受到肆无忌惮的攻击也就不足为奇了。

在20世纪中期，只有一个步骤需要被进一步实施：从多国经济转向全面的全球经济。在这种经济中，企业将不受任何政府的控制，也不效忠于世界上任何一个政府。跨国组织将不受限制地运作，只对它们自己负责。在民族主义经济发展的早期，成为真正的全球企业的想法可能被认为是不现实的，但在“二战”的最后阶段，此事的实施却具有了一种紧迫感。由1944年布雷顿森林会议催生的世界银行和国际货币基金组织，使人们对于关于整个地球的经济组织有所展望。

通过这些组织，工业化程度较低的国家可以进入工业化国家的轨道，表面上是为了每个人的利益，但实际上是为了现有的金融大国的利益。尤其是欠工业化国家，将被鼓励借钱进行开发，将其自然资源运往海外的工业化国家。这样，这些工业化国家就能够以巨大的利润加工这些材料，而第三世界将以这种方式参与世界经济。

尽管最初的意图可能是造福所有国家，但这种世界经济组织将把工业化程度较低的国家纳入了由工业化程度较高的国家主导的全球经济组织。这些组织对全世界土著居民的影响没有得到足够的重视。传统文化将受到新形式的压力，其农业经济将受到破坏，其资源将被掠夺。与此同时，他们最终将面临无法偿还的巨额债务。事实上，在一个以金钱为基础的剥削性经济中，他们是无力招架的。

后来，这些跨国企业继续推进通过关税及贸易总协定（General Agreement on Tariffs and Trade，1967）建立一个无国界的世界，该协定后来为各国所接受。该协定后来转变为世界贸易组织（World Trade Organization，1995），这样的组织使企业可以自由开发地球，对任何国家都不负责任，但对整个国际共同体拥有广泛的权力。世界贸易组织、世界银行和国际货币基金组织反过来又将受到世界可持续发展商会（World Business Council for

Sustainable Development，1995）等组织的影响，该组织最初由48个跨国企业组成，在它们的全面指导下发展全球经济，理论上所有的人都能从中受益，但事实上他们自己才是主要受益者。

新经济组织所宣称的目的之一是促进整个商业共同体支持人类经济与这颗星球的地质生物功能运转之间的可持续关系。任何改革只能是表面的，因为我们仍将生活在一个由对自然界有着全面的技术控制的工业生活方式创造和维持的世界。这颗星球和所有人类事务仍将受到视地球为商品的意识的支配，除非我们在使用地球及其资源的方式上更加谨慎。

由于主导企业以不受任何国家控制的形式存在，所以它们的结构、运作和目标都将以自我为最终指向。企业的利益与共同体的福祉是一致的，因为它提供工作岗位、支付工资、生产人们用工资购买的商品。一种全球公司村形成了。政治秩序成为企业的附属职能。

很难想象随之而来的企业控制对我们生活的影响。企业通过对公共媒体的所有权或影响力来控制我们的想法。企业支配着政府，对选定的政治职位候选人予以财政支持以及通过游说对立法施加持续的压力。通过这种方式，它们反对限制企业发展的立法，并支持为企业提供补贴的立法，这些资金现在被称为“企业福利”。据估计，在全球范围内，这种企业福利每年的规模有时远远超过1000亿美元。

这些活动导致人们形成了这样一种态度，即企业是他们的保护者、政府却是他们的对立者。在世界上大多数国家，由具备运营基础的企业控制的所谓民主的市场经济被视为通往和平、繁荣和一切美好事物的新路径。对年轻人的教育主要是让学生为其在工业、商业和通信领域即将担任的角色做好准备。特别是私立大学以及许多州立大学的研究机构，得到了最终来自企业的资金的支持，企业做出这种支持的最终目的是提高企业自身的地位。

我们进入了一个新的历史格局。我们所关注的力量不仅控制着这颗星球上的人类成员，而且控制着这颗星球本身（其被视为无论人类机构是否能证明自己有能力拥有和开发，都能被予取予求的自然资源的集合）。批准这一进程的知识、文化和道德条件已经明确。所有这一切中真正值得关注的是，正在发生的事并未违背西方文化责任中的任何规定，只是履行了它们现在所理解的承诺。因此，任何批评或寻求改善都不能简单地以目前的状况违背了西方文化或道德信仰的说法为依据。西方文化很久以前就抛弃了它与我们所生活的星球之间的完整统一关系。

显然，宇宙、太阳系和行星地球是讨论任何与人类事务相关的首要对象。我们感知到了宇宙，但却无法与宇宙有任何直接的联系，无论是精神上还是身体上，无论是在宇宙产生之前还是宇宙消灭之后。宇宙可以自证，因为在现象世界中没有进一步的背景来解释宇宙。在现象秩序中存在的每一种特定的模式都是宇宙的自我指向。以前的人们已经清楚地理解了这一点，在我们这个时代，这一点也很明显，因为除了宇宙本身，我们的科学探索并没有为人类提供任何关于宇宙的解释。科学的这种认可仅仅证实了我们从简单的观察中所了解到的。在现象世界中，宇宙是一切存在物的最重要的价值、最重要的存在源泉和最重要的命运。

关于宇宙的第二个认知是，它并不是作为一个广大范围的同一性而存在的。宇宙存在于各种高度差异化的表现形式中。同样，行星地球也是作为一个高度差异化的生命系统复合体而存在的。地球上所有生命表现形式的唯一安全之处在于生命的综合共同体的多样性。一旦多样性减弱，那么每种生命形式的安全性就会减弱。这一点在最近对地球生物系统的研究中得到了充分证明，例如1988年E.O.威尔逊编写的《生物多样性》（*Biodiversity*）和1992年他撰写的著作《生命的多样性》（*The Diversity of Life*）。

第三个通过观察获得的认知或许可以这样理解，这些不同的表达形式密切相关，足以证明任何事物都必须依赖于其他事物才能存在，没有什么是孤立存在的。任何存在形式只有在其所存在的更大的环境受益时它自身才能受益。蜜蜂和花朵便遵循着这一规则，当蜜蜂来采花蜜时，对二者都有好处：花朵得以受精，蜜蜂也得到了它制作蜂蜜所需的原料。树是由土壤滋养的，它反过来又用树叶滋养着土壤。这是古老的互惠法则。无论是谁，有所收获都必须再有所付出。

宇宙的这些方面构成了我所说的宇宙的本体论盟约。我还要指出，行星地球以极为辉煌的表现形式履行了这一盟约，它的数百种元素被塑造为组成它的五个地球圈层，即陆地圈、水圈、空气圈、生命圈和心灵圈。每一种都被进一步区分为无数种形式，每一种形式都有自我表达。当然，令人惊叹之处在于这些都被结合进了一个单一的生存共同体。

特别是在绝对相互依存的生物界，没有生物能自我供养。除此之外，还有一个分解和更新的序列，这是一个在地球上延续了几十亿年的死亡–生命序列。这种自我更新的能力通过种子将生命的一代与下一代结合在一起，这对动物世界来说尤其珍贵，因为动物以每年过剩的植物为食。

每一种动物形态最终都依赖于植物形态，植物形态能够将太阳和地球矿物质的能量转化为整个动物世界（包括人类共同体在内）的生命滋养所需的生命物质。在那里生长的土壤和植物的良好状态一定是人类最关心的问题。破坏这个过程就是破坏地球的合约并会危及生命。

破坏地球的生物完整统一性是必须对榨取型经济提出的控诉。只有在不同的生物区内恢复地球的生物完整统一性，才能确保地球在未来完整统一地生存。我们的首要关切必须是恢复整个地球的有机经济，这意味着要培育整个地球范围内的生命系统，所有的一切都需要；这也意味着我们必须在太阳下建立食物和能量的基本来源，为无生命物质转化为能够滋养地球更大生物系统的生命物质而提供能量。

现代工业的主要弊端之一是它建立在统一、标准化的程序之上。那种要求产品具有均一性的农业综合企业尤其具有破坏性。大自然反感一成不变，因此其不仅塑造物种多样性，而且也倡导个体多样性。大自然孕育个体，没有哪两天是一样的，没有两片雪花、没有两朵花、没有两棵树是一样的，甚至不可尽数的任何其他生命形式也没有相同的。由于单一栽培和标准化违反了宇宙之约和地球之约，我们需要培养一种新的有机世界的感觉，而不仅仅是机械的世界。

我们对太空探索的关注是出于对我们将耗尽地球资源的忧虑，所以需要把人类的冒险转移到其他星球上，但这是在浪费不可替代的资源，也忽视了对这颗星球有机世界的必要的研究。我们对殖民火星的可能性感到兴奋，也有点孩子气的喜悦。当我们对周遭的新奇事和未来的幸福感缺乏兴趣时，却在想象遥远的地方正发生着的一些奇怪和令人兴奋的事情。这就像古老的伊索寓言，讲的是叼着骨头的狗在水里看到自己的形象，然后跳入水中去吃映在水里的骨头——这正是这个寓言在我们这个时代重现出的相似结果。

即使是关于这颗行星，我们也需要尊重这颗行星及其在神秘深奥之处的运转功能。未来人类最伟大的发现将是发现人类与同在地球上同我们一起生活的所有其他生命存在形式的亲密关系，这激发了我们对艺术和文学的追求，揭示了万物产生的神秘世界，也是我们与之交换生命物质的神秘世界。

第 13 章 石油时代

19 世纪末和整个 20 世纪的故事主要是关于石油的故事，即石油被人类发现并使用，以及其在人类社会中对社会和文化所造成的影响。21 世纪的故事是石油发展末期和后石油时代创造与地球资源相关的人类生活新模式的故事。从最初的 19 世纪中叶到石油的最后发展阶段，即从 19 世纪中叶到 21 世纪中叶，石油在人类事务中的作用将持续 200 年。这些年，是工业时期的辉煌岁月，也是地球的灾祸年代，也许可以被称为石油时代。

这些年物种灭绝、有毒物残留和生态系统受干扰所产生的后果将持续影响到无尽的未来。这一时期的科学发现、技术技能和新能源技术对健康福利的影响也将继续存在。但即使回忆起这些福利，我们也必须意识到这个故事仍在继续。早期曾被我们当成绝对福利的发明所带来的困难远比我们想象的要大得多。混合谷物、灌溉工程、汽车，所有这些都引起了我们从未料想过的负面结果。在许多情况下，抗生素和针对昆虫的喷雾剂会激发更顽强的细菌和生命力更强的昆虫。

当我们寻求那种更可行的生存方式所需的广泛调整时，却发现自己正受制于对石油及其带来的便利的依赖，我们很难想象离开了这些便利条件的生活。如何从一个不可持续的石油经济转变为可持续经济的另一种形式是个问题。就在此刻，在向 21 世纪过渡的时刻，我们似乎仍然没有全面的方案。在人类活动的每一个领域，在经济、社会结构、法律法规、教育、科学研究、精神和宗教生活中的努力，我们都需要以形成同这颗星球的更为完整统一的关系并重组人类生活为目标。这种关系将使我们能够在后石油时代以良好的状态继续生存。

我们也可以期待，21 世纪会是我们寻回生命艺术中许多宝贵见解和技能的时期，这些见解和技能曾在我们对新知识领域着迷时被丢失过。需要恢复的还有与村落生活相关的手工艺，哥伦比亚安第斯山脉以东的加维奥塔斯村是这方面的一个很好的例子。在训练有素的工程师和技术专家的协助下，该村的创始人保罗·卢加里（Paolo Lugari）带领这个村落设计了一个利用太阳能和水力的能源系统。他还开发了一项适合土壤的农业项目、一项林业项目、一种增产渔业的方法以及一种用特别种植的草喂牛的方法。加维奥塔斯人相信他们的成就可以适用于世界各地的第三世界民众。他们结合当地的具体情况取得了令人惊叹的自给自足（Weisman，1998）。比尔·麦吉本（Bill McKibben）在《希望、人类与荒野》（*Hope*，*Human and Wild*，1995）中讲述了喀拉拉邦的故事，喀拉拉邦位于印度西南海岸，在那种贫穷和资源匮乏的环境中，人们形成了一种生活方式，从人类的成就感来看，这种生活方式在许多方面都是可圈可点的，甚至比在更富裕的环境中的生活更令人满意。

但是在美国的后石油时代，当我们开始复兴计划时，我们需要了解它对我们生活的历史性影响，以及石油的逐渐减少乃至永远消失所造成的我们必须解决的一些难题。阿莫里·洛文斯在他1977年的《软能源之路》（*Soft Energy Paths*）一书中概述了这里发生的许多事情，以及在后石油时代我们应该如何应对。

但首先，我们要回归故事本身。石油的使用历史已达数千年，其不仅在整个欧亚和北非的古老文明世界中被使用，而且使用者还包括世界各地的土著居民。尽管大部分石油都处于地壳深处岩层中的巨大岩池中，但所积聚的过大压力导致石油渗透至地表，于是石油变得唾手可得，而且它有各种用途：修补船只的裂缝使其能在水上航行，密封篮子使其能盛装液体，促进伤口愈合。

地球所蕴藏的石油量之大令人惊叹。即使在20世纪后期，对尚未探明的石油估量也经常被发现是偏低了。石油所分布的地方也比我们想象的要更加广泛。我们在北非和尼日利亚、波斯湾沿岸国家、欧亚大陆中部、印度尼西亚、南美洲、哥伦比亚和委内瑞拉海岸、墨西哥近海海湾地区、美国西南部和近海太平洋地区、阿拉斯加、加拿大以及北海都探测到了石油储量。

然而，尽管地球上的石油储量巨大，最终还是有限的。从20世纪末石油无节制的使用情况来看，石油供应到达先减少而后耗尽的时期不可避免，但看起来几乎没有人从经济或政治权力的角度认真关注如何适应这个时期的问题。现在，正值21世纪初，人们普遍认为，到本世纪中叶，地球上大约80%的石油将被耗尽，从而使这颗星球无法维持其繁盛时期所形成的生活方式。这是柯林·约翰·坎贝尔（Colin John Campbell）通过大量数据和广泛咨询所得出的结论［《即将到来的石油危机》（*The Coming Oil Crisis*，1997）］。一个由此造成的难处将是有毒物残留，现在甚至已经渗透到这颗星球的生物系统中，这种残留物正在破坏这颗星球上的森林，并对每个角落的有机生命产生不利影响。除此之外，有毒残留物还影响着城市的饮用水。

北美在勘探、开发和使用石油方面发挥了重要作用。19 世纪中叶，现代商业的第一口油井在宾夕法尼亚州建成后，其他州也开始了石油钻井工程，大部分是沿着墨西哥湾，进入加利福尼亚。我们很快便了解到，从油井中开采出的原油可以被提炼成各种各样的产品。到那个世纪末，东欧国家和东南亚国家也都开始了石油开采。中东的大油田则是在 20 世纪 30 年代末才被发现的。

整个 20 世纪，石油所带来的经济财富引起了人们对其勘探和使用的狂热，特别是在汽车发明和道路铺设之后。交通运输在这个世纪一直是石油的主要使用领域，尽管石油衍生物很快开始被用于大量的石化产品生产以及大规模发电工业。

其他物质的能量来源存在于阳光、风、河流、潮汐和森林中。然而，石油对于我们来说，易于管理、便于运输、易于开采，可为现代经济所需的庞大的运输设施网络提供能源。石油可以长期储存。它可以为汽车和飞机提供燃料。它可以被加工成农业种植所需的化肥、杀虫剂和除草剂，可以被纺成纤维来制作衣物，可以被加工成橡胶来制作轮胎，可以被制成沥青来铺设道路，可以被塑造成无数的塑料形状。它还可以提供摄影所需的胶片和化学物质，现在有数千种产品是由石油及其衍生物制成的。在未来，种数比数千种更多是很有可能的。

鉴于所有这些用途，石油工业成了世界上最有利可图的工业，它能为许多其他工业设施提供支持，这也就不奇怪了。即便是农业，一个最重要的具有经济价值的产业，也开始依赖石油以获取肥料以及为播种、耕种、灌溉、收割和销售时所需的机械提供动力能源。战争的胜利在很大程度上取决于石油及其产品的供应。在整个 20 世纪，美国最有利可图的公司之一就是石油公司。石油工业很快成了世界经济的核心特征。到 20 世纪 80 年代，每年与石油有关的商业交易超过 1 万亿美元，1998 年埃克森和美孚这两个石油公司合并时，它们是用现有工业公司中最大的资产组建成这家公司的。

石油化工一词源于这样一个事实，即石油是基本资源，目前所使用的大部分化学品都以石油为原料制成。1938 年杜邦公司从石油中提炼生产出尼龙，开启了纺织业和服装业的新时代。1909 年以后，用石油加工成的塑料进入了现代工业的应用之路。这是石化工业真正神奇的开始。透明塑料可以被做成像眼镜一样精致的东西；塑料很容易被制成儿童玩具；用其进行包装也已经变得非常普遍；在另外一些情况下，塑料的硬度可以被调整，从而可以代替原本由铝或钢制成的物品；石油也能被制成多种防腐剂、清漆和染料，当被制成黏合剂时则可以用于黏合木屑制造刨花板。

塑料对医疗行业来说已经变得非常重要，没有塑料就很难实施医疗行业现在所进行的任何非凡的医疗操作。从这个行业每天使用的大量一次性手套和防护服，到其使用的仪器，再到手术中使用的软管，医疗行业依赖于塑料。塑料虽然有替代材料，但没有一种能如此容易获得。

在19世纪的最后几十年里，许多事情结合在一起，使石油工业得以产生。从工艺技术向科学技术的过渡正在进行，特别是在电气和化学工业中。所有这些都需要科学的新发展，特别是在电气和化学工程领域。伦斯勒理工学院成立于1837年，是美国第一个授予科学工程学位的私立学院。物理和有机化学随着他们对物质原子结构的理解而得到深化。1833年查尔斯·莱尔爵士（Sir Charles Lyell）和19世纪50年代路易斯·阿加西斯（Louis Agassiz）的工作推动了地质科学的发展。

石油工业的发展需要纯科学和应用科学的发展，石油勘探依靠地质研究，把原油带到地面需要工程技术，把原油提炼成可用的形式则需要借助于化学和物理科学以及相应的工程技术。

此时汽车行业还未形成，但没过多久，现代世界开始结构重组，以汽油为动力的汽车和飞机悉数登场。由于人口外流，城市变成了曾经那种宽敞的郊区。内城区开始衰落，因为只有驾驶汽车才能进入购物中心、大型商场及其巨大的停车场。开发商通过购买土地，然后在郊区建设住房和购物中心来扩展城市，从而发家致富。

用现有方法可获得的石油的主要来源到21世纪中叶便会接近枯竭，其他资源则较难被开采和提炼。油砂和页岩油可以被用来炼油，因此在石油供应不断减少的情况下，也能够再应付几十年。然而，枯竭是不可避免的。有人提议，可以用氢代替石油作为能源。即使我们能够为自己提供所需的能源，这肯定会付出巨大的经济代价，因此我们仍然无法轻易地找到替代石油用途的其他方式。我们也确实可以用煤或其他有机资源提炼的化学物质制造塑料、织物甚至肥料，但难度要大得多，污染也更大。在与大自然相处时，我们必须永远记住这一点，即再也不会形成一滴石油了，因为石油形成的地质生物条件将永远不复存在。

我们迫切需要为地球上的生命创造一个更加可持续的环境，因为即使工业世界生活中的石油基础正在衰退，发展中国家仍有在世界资源和构成工业社会独特生活方式的所有产品中占有相应份额的需求，这些产品正是构成工业社会生活的独特形式的东西。同时，在对未来的所有思考中，我们必须意识到，截至2050年，地球上的人口可能会从60亿增加到80亿～100亿。对于这样一个人口数量规模来说，学习一种不依靠于石油而生活的方式，可能是目前人类共同体面临的最关键问题，因为我们不能等到危机来临时再去想办法。

石油时代的难处在于，人类的福祉是现实和价值的最终目的指向。我们可以用石油做太多的事情，甚至开始对自己产生错觉，认为可以获取独立于地球的自由以建立一个属于自己的世界。然而，地球上的一切，似乎都是从它与人类的关系中获得价值的。实际上，地球最初的设计是要使其成为多样性的成功者，在巨大的关系网络中实现自我互动交流。每个组成部分的福祉都与其他部分的福祉乃至整体的福祉密切相关。

人类比地球上任何其他存在方式都更有特权通过文化塑造来设计自己以及与其他物种的关系。其他生物也会有自我塑造的能力，但程度稍低，模式稍有不同。似乎只有人类才有能力用自己设计的系统来超越各种各样的自然系统。人类目前给地球带来的破坏程度就是证实这一特殊能力的证据。

臭氧层可以隔绝太阳放射出的紫外线，如果没有臭氧层，直射地球的紫外线将会对有机物造成极大损害，因此显而易见，人类急需找到一种毒性较低的能源，以替代石油加工的化学物质，应对地球气温升高以及地球上空臭氧层变薄的威胁。只有当我们认真思考宇宙是耗费了大量的时间孕育生命才具备了现有的各种生命存在形式出现的物理条件时，才能真正理解这种干扰行星行为的严重性。

尽管现代工业世界看起来成就颇丰，但这就是其暴露出来的在其更大目标上的失败之处。它未能使自己的功能运转与它所依赖的行星力量的功能运转保持一致。化学专业对研究宇宙的物理学的入侵，使这个专业能够深入地接触到生物和物质世界的隐藏力量，从而使其将最良性的物质转变成最致命的形式。

这种态度的基础是人类有权甚至有义务随心所欲全面地侵入自然界的观念。我们不禁惊叹于这样的事实，科学家们似乎从来没有反思过或向社会解释过为什么石油早就埋藏在地球中。即使是最细微的反映也会揭示出，大自然已经非常小心地将大量的碳埋藏在地球深处的煤炭和石油以及森林中，这样大气、水和土壤的化学成分便能以极其精确的比例被生产出来。我们要完全彻底地理解和尊重这个事实，以避免任何人通过开采和使用石油、煤炭或者砍伐和使用地球上的森林来破坏这种微妙的平衡，同时丝毫不考虑当这些力量将再不能维护地球整体统一功能运转时会发生什么。

当今这一代人会目睹石油时代的终结。然而，我们仍有几十年可以为没有石油的未来做准备。最重要的是，需要在自然循环的限制和约束范围内开发新的能源形式。其中一些替代能源，如太阳能、辐射热、风能和水能，已由阿莫里·洛文斯和亨特·洛文斯、约翰·托德和南希·托德以及忧思科学家联盟（Union of

Concerned Scientists）所确定（Cole and Skerrett，1995）。他们的研究和著作对于指明后石油时代的道路是无比珍贵的。我们发现了回归地球的路径并开始学习如何在更大的生命共同体之中整合人类的生存方式，此时最好小心谨慎地使用人类可以掌控的石油资源。

第14章 重塑人类

我们可以用以下这句话来描述自身所面临的挑战：我们这个时代的历史使命是在时代发展的背景下，通过故事讲述和共享的梦想体验，在各种生命系统的共同体中，以批判性的反思在物种层面上重塑人类。

第一个方面，我之所以提到**重塑人类**，是因为人类比其他任何生物都更有能力塑造自己。其他物种在出生时就接受了基本生存指令。有了这种天赋，它们便知道如何获取食物，如何保护自己，如何得到庇护所，如何进行交配繁殖步骤，以及如何照顾它们幼小的下一代。有些物种，特别是哺乳动物，确实需要上一代的教导和指导。幼熊需要被传授捕鱼的技能，许多动物也需要学习如何捕猎。然而，如果与使人类达到成熟所需要的教育和文化适应程度相比，这是微不足道的。这种文化适应过程是人类独特的漫长童年的目的。其他的生命形式凭借他们的天生基因，从早期起，就比人类装备得更充分，更有能力完成其基本的生存和繁衍后代模式。

第二个方面，我们要在**物种层面**上重塑人类，因为我们所关注的问题，无论是个人的还是集体的，似乎都超出了我们目前文化传统的能力范围。我们要做的是超越现有传统，回到人类最基本的方面：塑造我们自己。不得不说，人类正处于文化的僵局。在努力减少地球共同体上除人类以外的其他成员对西方文化屈从的过程中，我们使这颗星球上包括人类在内的整套生命系统落入了极其危险的境地。因此，我们亟须实施根本性变革的全新文化形式，以将人类置于这颗星球的动态变化之中，而不是将这颗星球置于人类的动态变化之中。

人类必须从基因编码的内在趋势中找到指引的主要来源。这些趋势来自地球上更大的共同体，最终来自宇宙本身。用荣格学派的话来说，这些倾向等同于那些在人类无意识领域深处形成的主要原型形态的精神能量星群。这种形式体现在英雄旅程、死亡－重生、神圣中心、伟大母亲、生命树的象征中。尽管这些象征形式在一般意义上大体相同，但它们在不同的宗教和文化传统中呈现出了本质意义上相似的但各自不同的表达方式。

从物种层面重新考量我们当前处境的必要性在人类的各个方面都是显而易见的。就经济学而言，我们不仅需要一个国家乃至全球经济，还需要一个当地的生存经济。在这种经济中，各种人类群体与当地生物区域的其他物种逐渐相互熟识。

目前，我们的工商管理学院所教授的技能是尽快加工处理尽可能多的自然资源，将它们投入消费经济，然后转运到垃圾堆。垃圾堆里的残余物最好的情况是无法使用的，但最糟的情况是其对所有生物都是有毒的。现在，人类需要发展与其他生命形式的互惠经济关系，提供相互扶持的可持续模式，就像自然生命系统中最常见的情形一样。

特别是在法律方面，我们需要一个法律体系来规定地球社会的地质、生物以及人类组成成员的法律权利。一种专门服务于人类的法律体系是不现实的。例如，所有物种的栖息地都必须被赋予神圣不可侵犯的法律地位。

第三个方面，我从**批判反思**的角度来评论，因为人类的重塑需要通过批判的能力来完成。最初有一个特定的、本能的、自发的过程，早期的文化形成就是在这个过程中建立起来的。现在我们需要所有的科学洞察力和技术技能，但同时必须确保人类的科技与自然界的科技协调一致。我们的知识要与自然界同步，而不是与主宰自然界的知识同步。我们还要学习与自然界各个组成部分进行密切交流的艺术和技术知识。

我们坚定地认为，当我们进入生态时代时，需要进行批判性反思，以避免自然界对我们形成一种浪漫的但却无法满足我们所面临的紧迫需求的吸引力。自然界是狂暴的、危险的，也是平静的、温和的。我们与自然界的亲密关系绝不能掩盖这样一个事实，即我们一直在与自然力量进行着斗争。生活在各个层面上都有其艰苦和沉重的方面，然而，它的总体效果是强化了生存世界的内在本质，并提供了一种大冒险般的无休无止的刺激。

第四个方面，我们要在**生命系统的共同体**中重塑人类。这是核心术语，是重塑人类的首要条件。因为我们的思维传统和科学传统都不足以使我们充分理解地球，所以人类已经成为一种赘余物或侵扰者。我们发现这种情况正是我们所乐见的，因为它使人类能够避免地球整体统一的存在性问题。这种态度使我们无法将地球视为一个单一的共同体，其伦理关系主要取决于整个地球共同体的福祉。

虽然地球是一个单一的共同体，但它并不具有全球同一性。地球被明显的差异化区分为北极和热带地区，区分为山脉、山谷、平原和沿海地区。这些地理区域也是生物区域。这些区域可以被描述为具有高度辨识度的相互作用的生命系统的地理区域，它们在不断更新的自然过程中进行一定的自我维持。作为地球的功能运转单元，这些生物区域可以被描述为自我繁殖、自我滋养、自我教育、自我管理、自我康复和自我实现的共同体。我们的人口水平、经济活动、教育过程，我们的治理、治愈、成就实现必须被视为这个共同体进程的完整统一的组成部分。

我们在确定如何为繁荣且可持续的人类生存模式建立一个可行的环境方面存在着巨大的困难。然而，有一件事我们可以肯定：人类自己的未来与更大的共同体的未来是分不开的，这个更大的共同体将人类呈现为具体的生命形式，并在人类的审美和情绪敏感度、思维感知、神圣感以及身体营养和身体康复等人类生命质量的每一种表现形式中维系着人类的存在和发展。

第五个方面，重塑人类必须在**时代发展的背景**下进行。这构成了我在这里概述的可以称为宇宙 - 历史维度的程序。我们的自我意识和自身角色必须从宇宙起源的地方开始。不仅我们的身体塑造和思维感知是从宇宙的起源开始的，宇宙中每一种存在形式的形成也是如此。人类的形成受三个基本原则的支配：差异化、主体性和交融性。

人类现在的发展违反了这三个原则中每一种最原始的表达方式。尽管进化过程的基本方向是在事物的功能运转顺序中不断形成差异化，但我们的现代世界是朝着单一文化的方向发展的，这是整个工业时代的固有方向。工业化要求是一个标准化的，一个恒定的不改变意义的增量过程。在可接受的文化背景下，我们要认识到，每个现实的独特属性决定了它对个体和共同体的价值。这些都是彼此成就的，对个体的侵犯也是对共同体的攻击。

作为宇宙过程中衍生的第二个责任，我们发现每个个体不仅与宇宙中的其他个体不同，而且有自己的内在表达，有其独特的自发性。每一个在其主观深处的生命存在都承载着宇宙起源的超自然的神秘，我们也可以将其视为个人的神圣深度。

第三个宇宙责任表明，整个宇宙以这样一种方式结合在一起，即在其整个时空范围内每个个体的存在都能够被感知。这种将宇宙各组成成员相互连接的能力，使大量各种各样的生命体得以在我们观察到的并与我们相关的华丽丰富而又全面的统一中诞生。

我们从中可以深刻理解宇宙故事所起到的指导和激励作用。通过对世界的经验性观察所了解的这个故事，是我们在为人类物种以及所有那些令人惊叹的生命系统建立一种可行的生存模式方面的最宝贵的资源。在这些生命系统中，地球实现了它的壮丽、富饶和无限自我更新的能力。

这个故事由银河系扩张、地球形成、生命出现和宇宙的自我反省意识所讲述，在我们这个时代发挥了早期宇宙神话故事的作用，而那时人类意识正被一种空间意识模式所主宰。人类已从宇宙走向宇宙起源，从曼荼罗（mandala）走向永恒世界的中心，直至宇宙本身的不可逆转的旅程，也是最重要的神圣旅程。宇宙之旅是宇宙中每个个体的旅程，所以这个伟大旅程的故事是一个令人兴奋的故事，它让我们在宏观层面上与我们所需的更大的意义维度相一致，使人类的微观存在与宏观存在协调一致，这正是人类实践的精髓。

人类目前所得到的指令是，在地球上正在形成发展的生命系统的完整统一性中，将这一旅程延续到未来，但生命系统目前正面临生存的威胁。我们最大的失败是终结了生命共同体中许多最杰出物种的旅程。剑桥大学生物学家诺曼·迈尔斯（Norman Myers）指出，可怕的事实是我们正处于灭绝的阵发之中，这可能是“40 亿年前生命的光彩首次闪耀以来，生命丰富性和多样性所遭受的最大挫折”（quoted in *Biodiversity*，p. 34）。几十亿年来为创造如此美丽的地球所付出的劳动和呵护，以及不计其数的数十亿次实验，都在不到一个世纪的时间里被否定了，因为我们认为人类是在一个更美好的世界里向更美好的生活“前进”。

第六个方面，我们关于人类时代道德责任声明的最后一个方面是**通过共享的梦想体验**。无论是人类还是宇宙秩序中的创造过程，都过于神秘，难以解释，但都有创造性活动的经验。由于人类的创造过程涉及许多尝试和错误，在任何高水平的卓越的尝试中也只有偶尔的成功，因此我们不妨认为宇宙过程也经过了大量的实验时期，以实现当前宇宙的有序过程。在这两种情况下，有些东西是以一种模糊和不确定的方式被感知的，有些有意义且非凡的东西，吸引着我们进一步阐释我们的理解和我们的活动。这个过程可以用多种方式来描述，如摸索、感觉或想象的过程。描述这个过程最恰当的方式似乎是实现梦想。宇宙似乎是某种事物的实现，充满想象，魅力四射而无法抵挡，它一定是通过梦想才成为现实的。

但是，如果梦想是创造性的，我们也必须认识到，几乎没有事物像入梦或神思恍惚那样具有破坏性，那种状况会失去其意义的完整统一性，进入一种夸张的且具有破坏性的表现状态。这种情况在政治想象和宗教幻想中经常发生，然而，在地球历史上，没有一种梦想或痴迷造成了工业文明中正在发生的那种破坏。这种痴迷应该被视为一种影响深远的文化迷失，只有通过相应的深刻的文化疗法才能解决这个问题。

这就是我们的现状。我们所涉及的不仅是一个道德伦理问题，还受到了当前文化本身特定结构的干扰的惩罚。20 世纪的统治梦想似乎是西方社会对其作为生命共同体重要成员的世俗状况的内心深处愤怒的一种终极体现。就像下了金蛋的鹅一样，地球受到了自视过高却枉费心机的攻击，不仅要拥有地球上非凡的果实，还要拥有产生这些光辉的力量本身。

在这样的时刻，我们需要一种新的启示性体验。在这种体验中，人类意识觉醒，充分体会到了地球进程的宏伟和神圣的特质。这一觉醒是人类对地球梦想的参与，这一梦想以其完整统一性而不是地球的任何文化表达方式，在我们基因编码的深处运行。在那里，地球的功能运转深度超出了我们主动思考的能力，因为我们只能对所披露给我们的东西敏感。从早期的萨满时代起，我们可能就没有这样的参与地球梦想的历程。但是，这里有人类对未来的希望，对自身的希望，还有人类对整个地球共同体的希望。

第 15 章
未来动力

当人类进入 21 世纪时，地球奇迹就引起了人类的高度关注。我们可以从致力于保护地球完整统一性的自然主义者和环保组织的著作中观察到这一点。科学界也有一些人向我们表达了对事物奇妙之处的看法，如彼得·瑞文（Peter Raven）、诺曼·迈尔斯（Norman Myers）、林恩·马古利斯（Lynn Margulis）、埃里克·蔡森（Eric Chaisson）、乌苏拉·古迪纳夫（Ursula Goodenough）、布赖恩·斯威姆（Brian Swimme）等人，还有其他一些人揭示了我们的可见世界的更大格局以及错综复杂的细节。

人类的冒险完全取决于地球上的敬畏、尊敬和喜悦的特质以及在地球上生活和成长的所有人。一旦我们将自己与这些生活潮流以及这些潮流在我们内心产生的深刻情绪剥离开来，那么我们基本的生活满足感就会降低。所有机器生产制造的产品以及所有基于计算机所取得的成就都无法唤起我们存在性的潜意识区域对生活的全情投入，而这些潜意识区域是维护地球以及人类自身和整体统一的地球共同体携手共同步入危险的未来所必需的。

人类对自身和地球演化进程的感知是最紧迫的问题，特别是当我们把地球这个概念看作买卖的商品集合时。这个问题涉及地球的意义，因为对塑造一个理想未来进行帮助需要人类的能量。在我们寻求认知的过程中，会首先观察到地球释放的巨大能量，这些能量体现在各种各样的无法用人类的理解和想象来解释的设计中。在序列的转变中，巨大的能量既作为化石燃料又作为物质结构中的生命力储存在地球内部。

人类现在所面临的危险境地并不是地球及其生物群落所经历的第一次。地球是在一系列惊人的创造性和破坏性经历中形成的。一系列的灾难性事件塑造了各个大陆以及一直为生存而进行持续的斗争的多样的生命体，但目前对这颗星球的威胁是第一次有意识地以如此规模侵入地球演化过程的自然节奏。这与地震、冰川的发展、早期物种的出现和消失有着根本的不同。它是以一种决定性的态度在开发利用能源。这是一种从储存能源向燃烧能源的转变，其方式和规模超越人类历史存在的任何可想象的时期。由于我们需要为工业世界提供燃料，因而创造了一个与生物圈互不相容的技术圈。

在旧石器时代晚期和新石器时代，以及早期的古典文明时期，我们都生活在能源的海洋中，能源的物质和精神形式是密切相关的。当我们对周围的能源做出反应时，发现了存在的意义，这些我们最终所感知到的就是精神力量。在这一时期，地球的资源几乎没有减少。尽管人类对这颗星球施加了压力，但他们必然与地球的演化进程和谐共处，大自然的节奏也只是受到了轻微的干扰。人类精神的无意识深处，出现了伟大的幻象。此时，对地球的认同感到达了巅峰。大地是伟大的母亲，天空是包容一切的上苍。事物的终极神秘在仪式崇拜中得到庆祝。这就是 18 世纪初詹巴蒂斯塔·维柯（Giambattista Vico）所说的“神的时代”。宙斯统领众神，波塞冬掌管海洋，雅典娜启迪智慧，狄俄尼索斯提倡饮酒、音乐和节日，维纳斯激发爱情，玛尔斯在战争中给予勇气，得墨忒耳带来丰收，戴安娜和仙女们赋予森林以精神存在。夜空中的星座增添了夜晚的意义，宇宙就是这种个人和精神力量的表达形式。

人类的精神能量和地球的物质能源都有极其丰富的储量，后世也都在这一时期发现了他们原始的文化支持。虽然后期发生了种种变化，但这个时代仍然遵循了我们的许多规范所持有的价值观。尽管西方文明的历史现实主义和我们后来的科学经验主义削弱了对曾经引导和支持我们生活精神层面的自然界的意识存在，但我们还是能够感受到这些神话价值观的支持。

后来，我们先用持续且必然的进步的神话，然后用进化的神话来替代早期的神话结构。虽然这种必要且必然的进步感源于《启示录》（*Book of Revelation*）[①] 的千禧年预示，但它在现代时期借助所产生的新科学得到了发展和拓展。最初在现代早期是人类思想的进步占主导地位。在《新工具》[②] （*Novum Organum*，1620），即《学习的新方法》（*The New Method of Learning*）中，弗兰西斯·培根提出了以经验推理模式来代替中世纪的演绎推理

---

① 原著中为 *Book of Revelations*，但经查询后发现“revelation”应为单数形式，故修改为 *Book of Revelation*。——译者注

② 《新工具》一书用拉丁文撰写出版，试图为近代新兴的自然科学制定一套正确的方法，对近代科学产生了深远的影响。培根就是在本书中提出了知识就是力量的著名思想。——译者注

的方法。培根的提议在伽利略的运动实验和对星空的观察中得到了印证，这些都伴随着望远镜和显微镜新技术的发展而实现了。在1725年出版的《新科学》[①]（*The New Science of the Nature of the Nations*，1725）一书中，詹巴蒂斯塔·维柯提出了一种理解社会和文化生活秩序历史演变的新方法。伯纳德·方蒂内尔（Bernard Fontinelle）和乔治·布丰（George Buffon），在同一时期形成了一种认识，即地球历史比圣经所提出的5000年要长得多。当时，他们按照自己的方法来估计，认为地球历史至少已经有8万年了。德尼·狄德罗（Denis Diderot）和让·勒朗·达朗贝尔（Jean Le Rond d'Alembert）编辑了1752—1772年间出版的28卷法国《百科全书》（*Encyclopédie*），这是第一部综合性的现代百科全书。这部百科全书成了阐述新理性主义和进步学说的主要体现形式。

这个进步的神话取代了早期整个自然界体现为个人存在的神话。与此同时，我们在一个进化的世界里失去了意义的世界。这个进化的世界由偶然支配，没有方向或更深层的意义，是一个最终将被称为如“盲眼钟表匠”一样新兴的世界，正如理查德·道金斯（Richard Dawkins）的《盲眼钟表匠》（*The Blind Watchmaker*）一书中所述。然而，对进化的数据是可以得到不同解释的，我们仅仅需要懂得，进化过程既不是随机的也不是制定的，而是具有创造性的，它遵循了所有创造性的一般模式。当无法完全理解宇宙的起源时刻时，我们可以试着理解，随着宇宙结构和意识模式从简单到复杂，宇宙在向更大的弧度运动方向发展。我

① 完整表述为“关于各民族的本性的一门新科学的原则”。——译者注

们还可以理解三个运动术语演变的支配原则，以实现差异化、内部自发性和广泛融合性。

有了这样的认识，再怎么强调这一进化学说的伟大也不为过。我们无论是对宇宙的看法还是对人类的角色都已心悦诚服。事实上，在人类的表达中，宇宙能够以一种特殊的自我觉察意识模式来反思自己和欣赏自己的壮丽。进化的视野则提供了宇宙最深刻的神秘感。

我们未来精神能量的主要来源将取决于我们在可接受的解释环境中理解这一进化象征的能力。只有在一个新兴宇宙的背景下，人类工程才会对自身有一个完整统一的理解。然而，我们必须从精神和物质两方面来体验宇宙。我们需要把进化转变的顺序作为恩典的时刻来体验，也作为我们神圣新体验中的庆祝时刻。

随着物质资源变得越来越难得，精神能量必须以一种特殊的方式支持人类工程。这种情况使我们对宇宙中的力量有了新的依赖，也使我们体验到了更深层的自我。宇宙必须被作为伟大的自我来体验。每一个都在另一个里实现：伟大的自我在个体的自我里实现，个体的自我则通过伟大的自我得以成就。当我们感受到几个世纪以来宇宙起源的能量激增时，疏离感就被克服了。新的能源领域可以被用来支持人类的冒险，这些新的能源在庆祝中得到了表达和支持。因为最终宇宙只能用庆祝来解释，这一切都是存在本身的一种生机勃勃的体现。

这种庆祝的意义使我们回到这本书的前面部分，在那里，我曾提到了土著居民和塑造早期文明的人们寻求每一次人类活动与自然界季节性更新时刻协调一致的方式。生活的每一个阶段都在这个大环境下得到了验证。过去我们庆祝季节性更迭的时刻，现在我们也应该庆祝一个新兴宇宙的顺序转变时刻。这个新兴宇宙的故事现在就是我们最重要的神圣故事。

北美拉科塔苏族印第安部落的太阳舞提供了一个在季节更迭经验中总结的庆祝和更新的例子。这种舞蹈是人类与宇宙在宇宙学上达到整体统一性融合的最精彩的形式之一。中心位置的柱子被看作神、宇宙和人类世界交汇的地方。通过这个仪式，舞者们获得了一种英雄意识，并对赐予个人和部落生命的礼物表示了感激之情。一种特殊的精神能量在个人和部落内部开始形成发展，这种内在的能量使部落共同体能够以一种让欧美人惊叹不已的耐力和冷静来接受生活的苦难。虽然我们需要继续举行像土著居民仪式和古典传统仪式那样以季节为依据的礼拜仪式，但我们需要根据物质、地质和生物的发展阶段，创造遵循进化顺序转变阶段的新的礼拜仪式。在这两种情况下，人类冒险的内在精神源泉都会得到恢复和增加。

物质能源和精神能量之间存在巨大的差异。体力会随着使用消耗而减少，一旦被使用，我们就只剩下无生命的物质和往往会对生命进程造成危险的废弃物。相反，精神能量会随着使用和参与它们活动的人数的增加而增强。物质存在会随着更多的人的分享而减少，而非物质的现实则会随着更多的人的分享而增强。如果一份食物是由 4 个人分享的，那么每个人得到的食物要比由 10 个人分享而得到的食物多得多。然而，理解、喜悦、思维见解、音乐和艺术会随着观众的增加或与观众之间交流的增加而增加。一种完全独立的情感几乎无法适应人类的秩序，因此要学会分享。在分享中，共鸣增强，人类体验范围扩大。

随着对生命精神层面的新认识的形成，我们现在看到人类共同体的古老符号得到了加强，从而引发了我们对自我的更深刻的体验。通过无意识的典型象征、伟大旅程的象征、死亡－重生的象征、宇宙树和神圣中心，我们与那些引导和维系人类灵魂的潜在能量建立了极其重要的联系。这些能量尤其能在我们的梦想中得到表达，正是一个文明中那些更大的梦想指引和激励着一个民族的行动。过去的象征现在有着一系列它们以前从未有过的意义，目前这颗星球的福祉和存在，以及这颗星球上所有其他的存在方式，都与我们人类的行为有关。

以前，我们的行为只对人类冒险的某个阶段产生至关重要的影响。通过这些象征，维系人类冒险和整个文明进程的内在能量得以更新。最终，无论是在其不断更新的季节意义上，还是在其不可逆转的进化转变中，这些象征都反映了地球的力量。这两个因素都使得人类的理解和直觉能够对使我们得以存在并维持我们依然存在的宇宙进程做出充分的反应。

我们所提到的每一个象征都有新的丰富的解释。旅程象征不再仅仅是曼荼罗背景中从边缘到中心的旅程，在那种场景中，神、人和宇宙相互呈现。这个旅程现在也必须被理解为宇宙从最初的爆发直到现在的伟大旅程。这一旅程是通过这三者之间的一种新的存在方式来进行的。

因此，死亡－重生象征也不仅仅是最初传统意义上的死亡重生，我们从一种世俗的生命形式转变为了一种神圣的生命形式。死亡－重生象征应被理解为同宇宙一起经历从一个地质或生物时期进入一个更大的充满无数神秘现象时期的重大转变时刻。也就是说，我们必须理解与其他典型象征类似的双重意义，其在人类灵魂的无意识深处控制着人类的活动，所有以往的象征都会被赋予一种新的深刻含义，但并不会对原义有任何减损。

另一个需要被提及的力量可以帮助我们对未来寄予希望，这就是意志的力量。尽管这一主题是19世纪亚瑟·叔本华（Arthur Schopenhauer，1788—1860）最关注的问题，但在最近一段时间里，无论是推测性的还是实际的，这一问题都没有得到充分的阐释，并且几乎没有人像现在这样对意志提出如此要求。对意志的关注还出现在皮埃尔·泰亚尔·德·夏尔丹（Pierre Teilhard de Chardin）[①] 的作品中，特别是在《人的能量》（*Human Energy*）中。他非常清楚地看到，我们必须有意识地选择进化过程的下一阶段。就在这一刻，人类开始承担无比重大的责任。我们现在面临着一个进退两难的时刻，一手掌控着世界，却一心害怕因自己脚步被绊而使它跌落碎裂。

与其说这种危险值得关注，不如说它是值得人类对此增强意识的一个原因。负责任的人不再仅仅把世界看作自然资源的集合，我们已经开始意识到地球是一个令人敬畏的谜，它最终会像我们自己一样脆弱。但是，我们对地球的责任不仅仅是保护它，而是在它的转变的下一个进程中出现。过去的几个世纪里，我们在不知不觉中经历了进化的过程，现在到了我们必须自己引导和激励这一过程的时刻。

为了成功完成塑造未来的任务，自我实现的意志必须更全面地发挥作用。自我实现的意志只有通过与公认的现实深层结构的结合、通过与地球的结合，而不仅仅是与人类共同体的结合，再与宇宙自身的浩瀚无穷相结合，才能得以真正实现。如果我们希

---

① 中文名“德日进”，法国哲学家、古生物学家，耶稣会神父。——译者注

望在未来能够彰显自我意志，那么一切将如我们所愿，原因是地球已经将其引导和力量赋予了人类，而非我们人类仅凭借理性的能力决定了地球的未来。

这一过程的关键之处在于我们对神和地球精神动力的广域的感知。虽然我们的神圣感永远无法完全恢复到与之前的几个世纪一模一样，但它可以在地球的神秘中恢复，在进化的史诗中恢复。精神规则在全世界再次得到更新。对于一些人来说，对于人类共同体中的另一些人来说，也对于其他存在于地球自身运转进程中的人来说，事物的终极奥秘只能在自我的最深处体会到。但是，在每一种情况下，似乎都存在着完全充分的融合感，一种能让每个人都接受到人类共同体的全部精神遗产和宇宙的全部精神遗产的渠道正在建立。在这样的背景中，过去的宗教对立可以被克服，特定的传统可以被复兴，神圣宇宙的存在感可以重现以激发人类的活力并维持人类事务的正常运转。

我们应该感觉到得到了一种力量的支持，正是这种力量，使地球诞生，送星系旋入太空，将太阳点燃，把月球送入轨道。正是这种力量，使生命形式在地球上成长并在人类中形成一种特殊的自反意识模式。正是这种力量，使我们作为狩猎者和采集者，经历了百万余年的蛮荒；正是这种同样的充满活力的力量，促成了城市的建立，激励了同时代的思想家、艺术家和诗人。即使到了现在，同样的这些力量依然存在。诚然，我们可能会在此时感受到它们强大的冲击力，进而领悟到我们并非孤立地存在于冰冷的太空中，虽然未来的重担压在我们身上，但我们并非不能得到任何其他力量的帮助。

我们，人类，无处不在。根据定义，我们是整个地球进入一种特殊的自反意识模式的现实。我们自身是地球的神秘特质，是一个统一的原则，是物质与精神、身体与心灵、自然与艺术、直觉与科学的各种极端的融合。我们是一个统一体，在这个统一体中，所有这些都生而存在并实现了一种特殊的功能运转模式。人类以这种方式作为一个普遍的标识进行活动。如果说人类是微观世界，那么宇宙就是宏观人类。我们每个人都是宇宙人，如马哈普鲁沙（*Mahapurusha*），印度教的伟人，在宇宙自我中被表达。

因此，这种存在需要对地球有感性的认知，地球的命运与我们自身的命运一致，对地球的攫取就是对人类的压榨，对地球辉煌奇迹的破坏就是对存在的毁灭。我们不能为了获取矿产资源而把山炸开，因为在失去山川的惊奇和令人敬畏的特质时，我们破坏了自身现实的平衡维度。

我们与地球交流并促进其生产力的古老仪式可能不再完全有效。然而，它们确实表达了对地球奥秘的深切敬意。如果说人类和地球不再有亲密和互惠的情感关系，这在哲学上是不现实的，在历史上是不准确的，在科学上也是没有根据的。

我们并不缺乏创造未来发展所需的动力。很难理解，我们的生活沉浸在能量海洋中，但从终极意义上讲，这些能量能够属于我们并不是因为我们能够支配，而是因为我们能够召唤。

第16章
四种智慧

在21世纪的初始数年间，随着人类共同体在与自然界的关系中经历了相当困难的处境，我们可以反思，有四种智慧可以指引我们走向未来：土著民族[①]的智慧、女性的智慧、古典传统的智慧以及科学的智慧。我们需要从这些智慧传统的独特功能，从它们繁盛的历史时期以及从它们共同支持人类将以一个相互促进的方式存在于地球上的新兴时代这种角度来认真思考这些智慧传统。

土著民族的智慧可以追溯到旧石器时代，甚至传承至今天的2亿土著人民之中。女性的智慧在整个新石器时代都很繁荣，现在正以一种新的形式被重新表达。城市古典文化传统的智慧在5000年前就已开始，是人类文化形成中最强大的力量，其地位一直保持着，直至受到近代科学传统的挑战。尽管科学知识自

---

① 原文多用 indigenous peoples，因此大部分译作“土著民族”，但根据上下文语境，这里几处译作“土著人民”，如“2亿土著人民”。——译者注

16 世纪以来取得了举世瞩目的成功，但作为一种智慧传统的科学才刚刚起步。

土著民族的智慧以其与自然界的亲密关系和参与自然界的功能运转而著称。黎明和日落是所有存在的精神源泉以特殊的敏感性被体验的时刻。春天鲜花盛开，鸟儿呈现出绚丽的颜色，放声歌唱，惬意翱翔，展示着高超的飞行技巧。然而，也有骇人的时刻，雷鸣震彻云霄，闪电划破天地。在北半球，当秋天来临时，果实累累，鸟儿离去，树叶飘零，黑暗笼罩大地。在不同的热带地区，雨水随季节交替而明显不同。万物诞生，繁茂，然后淡淡离场。日升日落，季节更迭，这一不断更新的序列构成了一种生活模式，一种伟大的礼拜仪式，一种生存的庆典。

在这种环境下，早期人类找到了自己的食物与宿地以保护自己免受外界的侵扰。最重要的是，他们在存在中形成了对生命、痛苦、苦难和死亡的感触，以及安全感和喜悦感。土著人民的智慧世代流传，这种智慧不付诸任何书面形式，仅存于人们的生活、思想和语言、风俗、歌曲和仪式、艺术、诗歌和故事之中。这种智慧是以一种特殊的方式由神圣的人格所承载的：男性长者、女性长者、首领和萨满。

人类在其早期存在的几千年中的主要成就之一是占领了世界各大洲，凭着惊人的天赋发展了口口相传的语言。在旧石器时代晚期和整个新石器时代，成千上万种语言被发明。仅在非洲和南美洲，就有几千种语言被一直沿用至近代。土著人民还发明了重要的技术，学习了生火的技术，制作了初级的武器，识别分辨出了一些植物和动物，特别是辨识了那些与食物和治疗有关的植物。他们还打造了狩猎文化所需的各种石器。这种与自然界的创造性关系是与自然界亲密接触的结果。

艺术、音乐和文学也在这个较早的时期发展起来了，特别是在旧石器时代晚期和新石器时代。我们更加熟悉它们后期更为清晰的形式，正如我们在新石器时代早期发现它们时那样。然而，我们也明白，这些后来的形式是其经过长期演化的结果，这一点从它们的许多成就中都可以了解到，比如我们通过非洲各民族的木雕和澳大利亚土著居民的树皮画，感受到了强大的精神存在，还体会到了这些形式所包含的各种思想、历史和精神洞察力。

这种对宇宙力量的敏感性来自对人类共同体周围温和与骇人的力量的体会。在美洲，无处不在的精神存在被认为是本质上温和的。这种温和宇宙的观念在纳瓦霍语中被表达为“进入美的世界”。美是一种表达宇宙中普遍的精神上存在的方式，它也表现了这种精神上的存在被赋予身份的方式之一。在世界各地部落民族的仪式生活中，人们对这种精神上的存在的认知是显而易见的。

所有自然现象背后的这些力量，在本质上都被视为具有人格。它们以有意识的存在的模式而被命名和称呼，这种模式在宇宙的整体范围和个体的亲密关系中掌控着宇宙的运作。我们在非洲的布须曼人[1]那里看到了这种与世界紧密联系的方式。正如劳

① Bushmen，又译“布希族人”，生活在非洲卡拉哈里沙漠地区。系列电影《上帝也疯狂》（*The Gods Must Be Crazy*）的主人公就是布须曼人。——译者注

伦斯·凡·德·普司特（Laurens van der Post）[1] 在《远方》（*A Far-Off Place*）中所说，一个小男孩的老师坚持对森林的崇敬："一个人在森林里永远不会只是一个人，人无时无刻不存在于他人视野内。"（p. 79）

现代欧洲与世界土著民族接触的最大优势是，它为西欧文明的各民族提供了反思文明进程本身内在的必然结果的机会。这是西方文明第一次同时在物质上和道德上都可以被看作走向弱化的时期，这是在殖民地时期开始时，准确来说是通过文明进程本身而体现的。原始的活力，基本的英雄主义美德，往往只能以削弱的形式存在。因此，我们也倾向于看到其他民族要么处于野蛮原始状态，要么处于浪漫原始状态。

最近，我们更加广泛细致地了解了世界各土著民族的生活方式。然而，我们在某种程度上仍然与他们意识的深层区域有所疏离。随着岁月的流逝，我们开始认识到自己对这些民族的真正的了解是多么的少，而对他们传统智慧的需要却是如此的多。我们受到了越来越多的土著人民的指导，他们完全有能力表述他们从早期流传至今的宝贵遗产的智慧。

相应地，现在生活在这片大陆上的奉行其他传统的民族表现出了更大的意愿和更强的理解能力。我们希望交流能力也能得到发展，人们也越来越清醒地意识到了过去对印第安人土地的剥夺。然而，如果他们以前的打猎、捕鱼和采集的生活方式遭到破坏，那么他们更为精致的文化成就也会随之被毁，这种破坏是以

---

① 劳伦斯·凡·德·普司特，1906 年生于南非联邦，是作家、探险家、人类学家、语言学家、哲学家。——译者注

一种不可逆转的方式发生的，这片大陆的印第安民族确实拥有一种坚不可摧的且将持续到无限未来的心灵模式。他们坚守着自身古老的智慧传统维度，而欧美人对这些传统知之甚少或一无所知。

随着时间的推移，人们越来越清楚地认识到与这里和全世界的土著民族进行对话的迫切性，以便为人类共同体提供地球上更整体统一的人类存在的模式。

女性的智慧是要将身体的知识和心灵的知识结合起来、将灵魂和精神结合起来、将直觉和理性结合起来、将感官意识和思维分析结合起来、将亲密和超然结合起来以及将主观存在和客观距离结合起来。当我们在实施人类事业时，这些功能会产生分化，而进入未来的方法就是将它们结合在一起。

人类事业归属于女性和男性双方。事业项目的有效实施要求双方共同参与人类活动的各个方面：如相互之间及家庭内、政府、经济企业、大学教育、宗教机构、艺术界和文学界。无论人类事业在哪里开展，女性和男性就都必须在哪里。每一方都为各个单一的事业项目贡献出自己独特的能力。

由于西方文明中的男性将女性孤立起来并局限在家庭和狭窄的服务活动空间中，他们自己则将成年人类在家外的现实和价值都据为己有，人类事业在其西方表现形式中已成为一种寻求无限支配权的父权制体系，这种支配自身尚不稳定，对更大的人类共同体也造成了干扰。相应地，由于男性为了自身的目的侵占了地球的现实和价值，地球正在变得功能运转失调。而这一次又是对支配地位的追求。

承认存在是一种多样性的组成成员的相互依赖是任何存在模式唯一可以接受的态度。人类犹如一个独立实体企业，汇集了女性和男性、老人和儿童、农民和商人、外国人和土著人。地球也可被看作一个独立实体企业，由陆地和海洋、风和雨、动植物和人类乃至整个壮丽的宇宙组成。其中任何一种组成部分的缺失都无法成为自我，无法成就自身。这种以男性为中心，损害女性、家庭、家人、地球乃至地球上的一切存在的行为就是男性中心主义。

女性因男性中心主义而遭遇的最大恐惧之一，是当她们被视为基因缺陷的结果，被视作存在智力缺陷，被看作在道德上具有内在的诱惑力，被当成邪恶的精神而受到迫害。在一些社会中，女性被要求接受肢体残害，被贩卖或被强迫卖淫，或者通过婚姻而被交易。过去和现在对女性所施加的虐待和压迫罄竹难书，特别是性剥削形式的虐待和压迫。女人被认为是为男人而存在的。

通过在人类社会的社会、文化生活等各个方面表明自己的地位，女性对男性的这种态度已做出了相应的反击。女性在履行自身义务的同时，她们也向男性揭示了男性一直强加给人类共同体的父权统治的现实，这也是在提醒西方文明要审视自身。如果没有这种新的自信的女性意识，也未逐渐认识到在完全排斥女性充分参与人类事业方面所发生的一切，那么，西方文明也许会永远继续其毁灭性的道路。

提醒男性和西方文明对其自身的审视，可以被视作女性智慧的第一个最出色的体现。男性和西方文明的转变是塑造一个值得男性或女性期待的未来所需要的一切其他变化的首要条件。男性中心主义和父权制摧毁了西方文明的宗教和人文传统的最美好愿望，同时似乎也摧毁了主宰现代人类事业最初几千年的欧亚世界的大多数其他文明。甚至可以说，我们文化传统的基石从一开始就趋向于这个方向。对这种情况的真正现实的洞察可能会揭示一个真相，即我们称之为“歪曲”的真相，但这与其说这是背离，不如说是对西方传统某些方面的实现。这种对以父权制为主宰的西方历史的新解释，可以被看作几个世纪以来对历史理解的最深刻的贡献。

现在人们首先关心的是男性是否接受西方文明的转变，即摒弃男性中心主义和父权制。这一转变是女性强烈要求社会履行的一项历史性任务。男性所能提供的最好的帮助是迎接正在发生的转变，承认他们对女性在过去几个世纪中所忍受的遭遇负有不可推卸的责任，并真正了解女性正在传递给他们的信息。

现在，女性首先要做出的改变之一是要在更大的人类事务领域中发挥作用。在社会经济秩序中维护她们的人格尊严和个人权利是需要实行的第一步。在整个人类历史中，特别是 19 世纪和 20 世纪，在生活的各个领域和所有职业中，我们都能看到杰出的女性的身影。随着玛丽·居里夫人（Madame Marie Curie，1867—1934）这样的女性科学家登上历史舞台，女性在科学领域也获得了卓越的地位。继她之后，是许多进入科学和各种专业领域的女性：教育学领域的玛丽亚·蒙台梭利（Maria Montessori，1870—1952）、生物学领域的蕾切尔·卡森（Rachel Carson，1907—1964）以及基因过程研究领域的芭芭拉·麦克林托克（Barbara McClintock，1902—1992）。

尽管在公共事业和职业成就中有无数女性的故事，但在整个 20 世纪，也有很多女性作家和活动家更直接地关心对女性的人格、社会和职业福利方面的培养。女性未来几年将在当代生活的整个社会和文化环境中发起变革的性质和程度是无法想象的。然而，玛丽·乔伊·布雷顿（Mary Joy Breton）已经在她的著作《环境保护的女性先驱者》（*Women Pioneers for the Environment*）中列出了女性对地球环境更新的贡献。到目前为止，男性似乎在大自然描写方面的表现更突出，而女性则是在积极主动的行动方面表现出色，尤其是在致力于为子孙后代维护一个能够生存的星球的工作中。

女性可以从她们的历史经验中汲取大量的智慧，在社会和文化、宗教机构、教育机构和经济运行等各个方面影响未来的进程。然而，女性的身份似乎还有一个更深层次的背景，这个背景可以追溯到遥远的新石器时代，对于推动人类事业进入一个人类以相互促进的方式与地球共存的时代具有特殊的意义。

在人类发展的前几个世纪里，人类对女性最早和最深刻的经验是将母亲的养育视为宇宙的原始创造、维持和实现的力量。相互滋养是宇宙的每一个组成成员与其他组成成员的主要联系。这种宇宙体验源于宇宙本身并由其即将出现的原始起源和养育原则所维系，表现在旧石器时代晚期和近东地区新石器时期的女神形象中。

掌管这一时期的女神形象所在的世界是一个各种形式上的具有意义的、安定的和创造性的世界。这不是母权制，也不是社会程序。这个理论是一种独立于任何相关的男性形象的创造性的和具有培养原则的综合的宇宙论。这是一个令人难以置信的世界，一个具有衍生社会学特质的女性综合宇宙学的世界。她们正在发展女性的社会学和宇宙学，这是对当代女性的致敬。

这一早期的记录在考古遗迹中被流传下来，其中有大量的小雕像和象征性表达的陶土制品。这些最终被马丽加·金芭塔丝（Marija Gimbutas）所发掘并向我们详细阐释。尽管我们现在对这一时期的认识比对以往任何时候的认识都更为透彻，但直到近期，历史研究一直局限于下一时期的考古和历史观察，而这一时期主要是男性武士神灵统治的时期，从公元前 3000 年起，男性武士神灵就主宰了这一时期的宗教生活。而直到现在，这些来自新石器时代的早期资料才被一位女性充分研究。金芭塔丝找出并解释了似乎一直都没有人能够完全理解的东西。

从这些新石器时代的考古学研究，以及后世的历史文献中，我们可以得出这样的结论：女神的这一时期是一个相对和平的时期，是人类与地球乃至整个自然世界亲密接触的时期。人们在这个时期建立了第一个永居性村庄，植物和动物的首次驯化也发生在这些定居了的共同体中。我们才刚刚开始意识到，当女神文化在人类事务中无处不在的时候，它是多么具有创造性。到目前为止，学者们主要关注的是这一时期人类塑造村落共同体和通过种植农作物开发土地的能力，而男性神灵并没有在这样的环境中出现。这些经常出现的战士神灵从外部产生，并成为整个欧亚大陆的主宰，如宙斯（Zeus）、因陀罗（Indra）和索尔（Thor）。这一切伴随着希腊世界女神从属地位的确立以及圣经世界中女神所受到的谴责，都是城市、文化、父权制等文明的开端。一旦男性作为神圣的统治者或作为具有天神授命的统治者的这种支配地位被确立，就会形成一种无法改变的定式，直到西方文明的宗教传统及其相关的神在其根本意义上受到质疑和挑战。

古典传统的智慧是建立在一个精神领域的启示经验之上的，这个精神领域超越了我们周围的可见世界，但又即将出现在我们周围的可见世界中，以及出现在人类参与这个世界以充分展现自身存在方式的能力中。印度的印度教传统是建立在宇宙最深处的自我——阿特曼[1]，与人类内在自我的统一的启示之上的，这是古老的圣人（*rishis*）在奥义书式的冥想中得到的启示。用“尔即如是”（Thou art That）来表达，便是个体自我在伟大的自我中找到了它的身份。佛教传统是建立在释迦牟尼（Gautama Buddha）的顿悟经历之上的，对他来说，宇宙是转瞬即逝的、悲伤的、虚幻的。直接的结论在慈悲为怀、普度众生中被表达出来。在众生的最后圆满中，每一个存在都参与了释迦牟尼的原始真相。中国人的经验与其说是走向超验世界，不如说是走向宇宙的自发性和内在。至高无上的体验是与宇宙所有组成成员［即“万物”（the ten thousand things）］的“一体”（One Body）的统一。

西方世界的经典智慧关注一个一神论的个人男性神的存在，即宇宙的创造者（明显不等同于他自身），一个将对人类共同体的指示传达给一个地中海东海岸的巴勒斯坦地区小牧民部落的神灵。与此神沟通的人被视为先知者，是为神代言的人。

西方世界这种原始智慧的主要特点是，它直接来自这位至高无上的个人神灵，后来又以人类的形式作为导师和救世主出现。为世界各个民族传达的启示包括一个由被选中的信徒群体完成的历史成就模式。这一传统的历史动力推动了西方世界几个世纪的

① Atman，又译“神我”。——译者注

发展，因为人们坚信，它正引领着整个人类共同体在一个神圣的国度建功立业，这个王国将在地球上的历史长河中实现千年的理想，并在永恒的超验存在模式中实现后历史的理想。

西方传统的另一个重要组成部分是希腊人文主义传统，这表现在他们的文学和艺术成就里，表现在埃斯库罗斯（Aeschylus）和索福克勒斯（Sophocles）的悲剧中，还表现在哲学家，特别是柏拉图（Plato）和亚里士多德（Aristotle）的谆谆教诲中，以及帕特农神庙的建筑和雕塑上。当圣经传统和希腊人文主义传统结合在一起时，西方世界思想和精神传统的全部力量便开始形成。

4 世纪初，罗马帝国就正式成为基督教国家。然而，它需要一段长时间的同化和长达几个世纪的内部、外部冲突，才能使西方文明的各个组成部分在一个连贯的文化表达中走到一起，最终形成中世纪的欧洲。

当圣经、希腊人文主义和罗马帝国这三种传统结合在一起，且野蛮部落的转变也开始发生时，这一将成为未来世界历史上主导力量的传统在其所有基本组成部分中都得到了整合。甚至可以说，一种力量已经结合起来，有一天它将超越单纯的人类世界，寻求将其技术支配权强加于自然界，其后果则是侵扰了地球的地质和生物系统。即使宗教传统在这一科学时代后期会被摒弃，但科学家的深层思想形成，以及对西方文明的不懈追求，都来自原始的宗教想象，来自在这一传统中保存和发展起来的知识传统。

西方文明占领这颗星球的外部扩张运动始于 9 世纪和 10 世纪，当时由查理大帝（Charlemagne）统领的法兰克帝国开始抵御北部的诺曼人、东部的马扎尔人和西南部的穆斯林的入侵。这场抵抗运动随着十字军东征而向外发展，后来演变为对整个地球大部分地区的探索和殖民统治。

同时，其他古典传统也在发展自己的智慧传统。数百年来，人们编纂了大量的经文、评注和注释性论著，以了解在宇宙中运行的各种神秘力量及其在所有生活环境中对人类事务的指导，这些传统支配着社会生活、个人道德行为、政治权威、家庭传统和童年成长。它们还塑造了不同社会的语言、思维模式、仪式、社会责任感和统治权威。

这种智慧在世界上伟大的寺庙和纪念碑、艺术、文学以及舞蹈和音乐传统中都有体现。在这些成就中，我们发现了印度的石刻寺庙、柬埔寨的吴哥窟神庙和雕刻、印度尼西亚的婆罗浮屠佛塔、埃及的金字塔，以及中美洲的玛雅和阿兹特克的金字塔。另外，还有希腊的帕特农神庙、古罗马广场、万神殿、古罗马角斗场以及中世纪欧洲的哥特式大教堂。

最能塑造西方文明思想的是中世纪时期的大学。其中包括巴黎大学、牛津大学、剑桥大学、布拉格大学、维也纳大学、萨拉曼卡大学和博洛尼亚大学。这些大学和其他的教育中心是迄今为止都是首屈一指的学习机构。它们为后来的科学学习提供了发展和传播至今的环境。

列举这一时期在各个文明或者说只在西方世界所取得的一切成就，将是一项令人心潮澎湃的任务。列出的这些只是可能表明这些文明的一些成就的片段，这些成就确立了这些民族对生命的诠释。那些对过去几千年的漫长历程有任何了解的人，可以真正体会到当代世界仍然以对宇宙的理解和这一巨大遗产所提供的生命诠释为指导。

当回顾所有这些成就时，当反思这些时代的人们在西方文明中所必须忍受的事情时，人类内心深处的酸楚便油然而生。后来，托马斯·斯特尔那斯·艾略特（Thomas Stearns Eliot）的戏剧《大教堂中的谋杀》（*Murder in the Cathedral*）中描绘了整个时期农民所忍受的严酷和痛苦的一面，即托马斯·贝克特（Thomas à Becket）的故事。伟大事业的参与感确实存在，但也经常存在忍饥挨饿、抵御寒冬的能力微乎其微、当权者的压迫、女性的苦难、对那些被认为偏离了规定信仰以及不必要的战争的人所采取的严厉措施。这些都为这一时期带来了一种矛盾感，这种矛盾感将贯穿始终，卡尔·马克思（Karl Marx）和彼得·克鲁泡特金（Pyotr Kropotkin）等社会评论家都明确指出，平民为了权贵的尊贵享受而承受着苦难。

然而，不管怎样被背叛，在所有的传统中，都有真正高尚的理想、持久的洞察力和人类事业的有效方向。人们同情被压迫者、受苦受难者，甚至愿意代替他人忍受痛苦，就像大乘佛教（Mahayana Buddhism）早期的维摩诘（Vimalakirti）和寂天（Shantideva）一样。中国的道家传统中表达了仁慈的理想。儒家学说倡导，如果皇帝看到有人在路边受苦，他应该为此种处境负责。12 世纪的张载教导，应该对每个人都表现出博爱之意："凡是世上年迈衰老、身残不便、没有手足相伴、失去父母照护、丧失配偶的人，都是我孤苦难诉的兄弟亲人。"[①]（quoted in deBary and Lufrano, vol. 2, pp. 683 - 684）。在西方传统中，阿西西的方

---

① 出自张载的《西铭》，原文是："凡天下疲癃、残疾、惸独、鳏寡，皆吾兄弟之颠连而无告者也。"——译者注

济各与自然世界的亲密关系和对穷人的尽心尽力的帮助也是如此。

在西方文明对人类事业和这颗星球命运的贡献中，既有历史的现实主义，也有对人类智慧的强调。要理解在中世纪欧洲世界发展起来的人类思维能力的这种信心，我们需要回顾12世纪和13世纪的欧洲。这是西班牙伊斯兰社会哲学和文化发展的巅峰时期。在希腊思想特别是亚里士多德思想遗产的基础上，出现了许多伟大的哲学流派。这时，亚里士多德的思想从伊斯兰的西班牙传入了中世纪欧洲的基督教世界。12世纪穆斯林西班牙的信仰和理性危机以及它们之间的相互关系也在基督教世界中发展起来。为了解决这个问题以发展一个真正的基督教知识传统，托马斯·阿奎那于1259年从巴黎大学来到了罗马。从那时起直到1274年离世，他都一直致力于在亚里士多德宇宙学的背景下解释圣经启示。

基督教世界主要是通过它的作品而对人类思维的推理过程产生了信心，人们接受了托马斯的观点，即人类思维所知道的任何真实真理都不能与任何所揭示的真理对立。这种对中世纪欧洲和其他文明中人类理性力量的信任是传统智慧的一个核心特征。尽管亚里士多德所主张的演绎推理和现代科学所主张的实证研究之间的差异造成了一种紧张关系，而且这种紧张关系在近几个世纪中一直持续，但欧洲世界的这种承诺使随后的科学时代的产生成为可能。

科学的智慧，正如21世纪初西方世界中所存在的那样，对宇宙的发现是在一个极其漫长的时期内通过一系列的进化转变而形成的。通过这些转变事件，宇宙在结构上从一个较小的结构复杂体发展为一个较大的意识模式。可以说，宇宙，按照现象的顺序，是自我初现、自我维持和自我实现的。宇宙是现象世界中唯一的自我指向的存在方式。每一个其他的存在的自身及其活动都是以宇宙为指向的。意识到宇宙是演化而成的而不仅仅是有序体系，可能是自旧石器时代人类意识觉醒以来的最大变化。

人类早期的意识觉醒是在一种空间理解模式下进行的。人类心灵最初体验到的宇宙，是在系列不断更新的变化中运动的，很容易与自然界的变化、黎明和黄昏的日复一日、四季的年复一年相协调。在这种情况下，通往生命圆满的伟大旅程就是曼陀罗象征中所描绘的旅程，人类通往圆满的旅程就是通往中心的旅程，在那里，神圣世界、宇宙世界和人类世界相互呈现，相互圆满。个人的小我在宇宙的大我中达到圆满。

对这一生命空间背景的不断认识，给人类生活带来了深刻的安全感，因为这个不断更新的世界既是一个永恒的世界，也是一个神圣的世界。有意识地生活在这个神圣的世界中，就是让个人的自我与宇宙的大我融为一体。从这个永恒的个人身份的空间环境转变为对新兴宇宙的认同感，是一个世界上任何精神传统至今都没有全面实现的转变。

人类意识的这种变化始于 16 世纪的哥白尼（Copernicus）。此时，托马斯·阿奎那作品的价值和难度都变得显而易见。如果不是托马斯在西方传统中证明了人类思维的推理功能，哥白尼和他的追随者，如开普勒（Kepler）和伽利略（Galileo），就不可能如此自信地完成他们的工作。问题在于托马斯的工作做得太好了，因为他在亚里士多德的科学观中完全确立了基督教的启示，甚至可以说，从现在来看，任何与亚里士多德所描述的宇宙观相悖的发现都必然是错误的。如果它们是错误的，那么它们就不能与所揭示的教导相一致，因为托马斯的观点之一是，任何关于自然界的错误都会危及对信仰世界的真正理解。

由于对亚里士多德的宗教信仰是如此强烈，一旦科学有了的新发展，冲突就不可避免了。这不仅仅是对亚里士多德科学的一种专注，也是对推理过程的一种专注，这种推理过程往往支配着所有这些早期的思想。只有在人类思维史的末期阶段，实证研究科学才得以产生。当它真正形成时，便对传统的演绎过程做出了可以理解的强烈反应。这种反应不仅是对思维方式和所呈现的世界结构的反应，也是对精神世界的否定。

在人类历史上，精神世界（即心灵世界），第一次被认为是人类心灵的一种不真实的情感或审美体验。作为一种主观意象，如果没有可接受的证据，它就不具有客观有效性。科学家通过在教育体制中指引人的想法，接管了对社会思维和道德的指导。科学以其创造性的天赋，带来了无数的新技术，也赋予了人类在现象世界中惊人的力量。

弗兰西斯·培根在 17 世纪初提出，通过对大自然的实验，我们可以更多地了解大自然功能是如何运转的；通过这些知识，我们可以控制大自然，而不是被大自然所控制。虽然这对实验想法是一个深刻的鼓励，但并非培根，而是伽利略首先实施了完全受到控制的和数学测量的实验。开普勒则首次观察到了行星在椭圆轨道而不是圆形轨道上运动。两人的工作为艾萨克·牛顿的工作奠定了基础，牛顿开始理解与天体运动有关的万有引力定律。他的描述奠定了宇宙观的西方主导性地位，直至 20 世纪阿尔伯特·爱因斯坦和马克斯·普朗克时期。

然而，牛顿并不知道宇宙的进化本质。后来通过对宇宙的持续研究，以及对地球的地质结构和生物系统的研究，人们才获得了这一见解。这些研究最终使人们意识到，不仅地球，整个宇宙都是在经历了一个非常漫长的时期，并且通过了一系列的进化转变而形成的。所有这些发现的重要之处在于，它们使人们意识到了宇宙内部及其各组成成员的统一性。它还产生了一种认识，即宇宙的每一个组成成员都与宇宙的每一个其他组成成员直接接触。按照这种方式，我们可以说，在科学和宗教意义上，个体的渺小自我在宇宙中找到了它的伟大自我，它们以某种方式存在于彼此之间。

这个故事是一个单一的故事，宇宙的组成成员之间是如此密切相关，因此，这个故事必须考虑到人类的智慧。如果我们认为人类的智慧是一种心灵能力，那么宇宙从一开始就必须是一个心灵产生的过程。为人类的存在找到合理的解释是那些坚持认为宇宙只是一个没有智慧维度的物质存在模式的人所遇到的困难之处。

如果说宇宙的统一性是科学智慧的一个方面，那么第二个方面就是宇宙的涌现性，第三个方面则是人类智慧作为宇宙不可分割的完整统一组成部分的存在。宇宙的故事成了我们这个时代的史诗。它叙述了一些可以被视为与《奥德赛》（*Odyssey*）史诗和其他史诗故事，如印度的《摩诃婆罗多》（*Mahabharata*）和《罗摩衍那》（*Ramayana*），或日耳曼世界的《尼伯龙根之歌》（*Das Nibelungenlied*）相似的东西。

在思考了土著民族的智慧、女性的智慧、传统的智慧和科学的智慧之后，似乎很明显，这些都认可人类在一个单一的生存共同体中与自然界的亲密关系。人类从更大的宇宙中出现，并在这个宇宙中发现自己。我们发现在各土著民族的生活、思想和仪式中都表达了这一点。在女性的智慧中，宇宙被描述为万物相互滋养的存在。这就是宇宙观中所呈现的女神形象和其他象征。几个世纪以来，女性被严重排除在人类世界许多事务之外，在西方历史上第一次向人类社会揭示了男性中心主义所带来的灾难。

同样，在古典传统中，所有传统中的基本教导都是人类在宇宙更大功能中的实现。这一点我们在印度教中有所发现，也在个体自我与阿特曼（即宇宙的伟大自我）的统一中体现。这还体现在佛教的教导中，即每一种存在方式都有佛性。在“一体”的中文表达中，16 世纪的王阳明告诉我们：“对君王臣子，丈夫妻子，亲朋好友，乃至于山峦河流、鬼魅神灵、飞鸟走兽，我都以真情实意来对待，以达成我自身的仁德，然后我的光明品行便得到彰显，进而与世间万事万物真确地合而为一。”①

在西方世界，人类与宇宙其他组成成员在一个整体宇宙中的统一，在柏拉图的宇宙学中得到了最清楚的表达，正如《蒂迈欧篇》中所表达的那样（par. 36e），“现在，当造物主按照自己的意愿构建灵魂，便在她的体内形成了物质宇宙，然后使二者紧密相连、心意相通”。然而，这是斯多葛学派哲学家克利西波斯（Chrysippus）关于宇宙大城（即宇宙城邦，Cosmopolis）的

---

① 出自王阳明的《大学问》，原文是：“君臣也，夫妇也，朋友也，以至于山川鬼神鸟兽草木也，莫不实有以亲之，以达吾一体之仁，然后吾之明德始无不明，而真能以天地万物为一体矣。”——译者注

构想，他通过政治类比，最清楚地表达了这种西方意义上的宇宙在一个单一共同体中的统一性。在整个中世纪时期，人类与更大宇宙的统一性更多地建立在《创世记》（*Genesis*）的创世故事和基督在宇宙中存在的宇宙维度上，正如圣保罗（Saint Paul）在他写给圣徒的《歌罗西书》（*Epistle to the Co-lossians*）中所表达的那样，他指出在神秘的基督里“万有也靠他而立”[①]。

现代科学的发现为人类与更大的地球共同体的统一奠定了新的基础。我们对科学及其对宇宙的认识理解得越清楚，就越能体会到宇宙的每一个组成部分与其他每一个组成部分之间的密切关系。这种统一性既体现在我们对宇宙宏大结构和功能的研究中，也体现在地球的地质生态系统中。

西方世界的科学传统中也有类似的统一性。我们越清楚地了解科学及其对宇宙的认识，就能越清楚地了解宇宙的每一个组成部分与其他每一个组成部分之间的密切关系。地球的地质生态系统以独特的方式实现了这种统一。

越来越明显的是，在我们目前的情况下，这些传统中没有一个是满足需要的。我们需要所有的传统。每种传统都有自己独特的成就、局限及被曲解之处，都对似乎正在形成的 21 世纪的完整统一的智慧传统有自己的特殊贡献。每一种传统的理解模式似乎都在经历着更新。土著传统首次被视为人类与宇宙相处的基本模式。我们要像易洛魁印第安人在感恩节庆典上所展示的那样与自然界亲密接触，因为他们正式承认自己的存在是宇宙各种力量

---

① “He is before all things, and in him all things hold together.”，译作：“他在万有之先，万有也靠他而立。”（《歌罗西书》现代标点和合本译法）——译者注

的礼物。哈佛大学的宗教与生态论坛是在 3 年一届的世界宗教及其自然观系列会议的基础上发展起来的，它是一个重要的新方面，用以审视宗教传统的智慧，为下一个世纪提供参考。

我们也第一次开始认识到，人类事业是在女性和男性双方共同的关心和指导下进行的。这是一场从父权社会走向真正完整统一的人类秩序的运动。因此，西方传统文明也必须退出支配地球的努力。这将是未来最严格的规范之一，因为西方对经济主导地位的沉迷甚至比其对政治主导地位的追求驱动力还要强大。

最后，还有进化的史诗，这是科学对未来的贡献。宇宙的故事就是我们的故事，无论是作为个体还是作为人类共同体。在这种环境中，我们可以放心地努力完成我们所面临的伟大的事业。我们需要的指导、灵感和能量都是可以得到的。完成这项伟大的事业不仅是人类共同体的任务，也是地球这整颗星球的任务。即使在地球之外，它也是宇宙自身的伟大的事业。

第 17 章 荣耀时刻

当进入 21 世纪时，人类正在经历一个荣耀的时刻。这样的时刻是特权时刻，宇宙的巨大转变就发生在这样的时刻。未来被定义为某种持久的功能运转模式。

有宇宙和历史的荣耀时刻，也有宗教的荣耀时刻。现在是一个转变的时刻，可以被视为一个宇宙的或是历史、宗教的荣耀时刻。

当诞生了我们的太阳系的恒星在巨大的热量中分崩离析，在广阔的宇宙中散落成碎片时，即为一种荣耀的时刻。在这颗恒星的中心，历经漫长的宇宙时间，各种元素一直在不断生成中，直到这次爆炸的最后一次加热，数百种元素才最终形成。我们的恒星太阳只有此时才能通过将这些碎片用重力聚集在一起并演化成自己的形状，然后留下九个球状体，以行星的形态环绕着自己在椭圆轨道上运行。此时此刻，地球已形成，生命已被唤起，人类形态的智慧成为可能。

第一代或第二代恒星的这一超新星事件可以被认为是一个宇

宙的荣耀时刻，这一时刻决定了太阳系、地球以及地球上可能出现的各种生命形式的未来的可能性。

为了使更多进化的多细胞有机生命体出现在那里，就必须出现第一个活细胞——原核细胞，其利用太阳的能量、大气中的碳和海洋中的氢，来进行以前从未出现过的新陈代谢过程。这个从无生命世界向有生命世界转变的最初时刻，是由这些早期的猛烈闪电所触发孕育的。而后，在原始细胞进化的关键时刻，另一个能够利用大气中氧气以及其巨大能量的细胞出现了。光合作用便是通过呼吸来完成的。

在这一刻，我们所了解的生物世界开始焕发生机，直到它重新塑造了地球。草地上的雏菊，嘲鸫的歌声，海豚在海里的优雅游弋，所有这些都在此刻成为可能，我们自己也成为可能。所有这些新的音乐、诗歌和绘画模式，都是环绕天空在天籁诗画的背景下形成的。

在人类历史上也曾有过这样的荣耀时刻。距今大约 250 万年前，第一批人类在非洲东北部直立起来行走，由此产生了一系列的连锁反应，最终形成了我们现在的存在方式。无论人类秩序中存在着怎样的天赋，无论是怎样的天才，无论如何欣喜若狂，无论具备怎样的体力或技能，所有这些都是通过这些早期的民族才发展出了今天的我们。这，是一个决定性的时刻。

在文化－历史秩序中还有其他的时刻，未来是以某种全面和有益的方式被决定的。当人类第一次能够控制火的时候，当人类第一次用语言交流的时候，当人类第一次耕种菜地的时候，当藤草制品编制成型和陶器烧制成功的时候，当书写和字母被发明的时候，都经历了这样的时刻。还有一些伟大的梦想家诞生的时刻，当伟大的启示发生时，他们将其独特的神圣感传递给全世界的人。还有就是出现了伟大作家的时刻，如荷马（Homer）、瓦尔米基（Valmiki）[①] 和其他为世界创作了伟大史诗的作家们；还有就是出现了伟大的历史学家的时刻，如中国的司马迁、希腊的修昔底德（Thucydides）、阿拉伯世界的伊本·卡尔敦（Ibn Khaldun）。

因此，在进入 21 世纪的这一过渡时期，我们正在经历一个荣耀时刻，但这一时刻的意义不同于以往任何时刻。这是这颗星球第一次在其地质结构和生物功能的运转上受到人类的干扰，其方式类似于改变地球地质和生物结构的巨大宇宙力量，或类似于引发冰川作用的力量。

我们也在改变着伟大的古典文明和土著部落文化，在过去的 5000 年里，这些文明和文化主导了无数人的精神和思维发展。这些文明和文化主导着我们的神圣感，确立了我们对现实和价值的基本准则，并确立了地球上各族人民的生活准则，它们正在结束其历史使命的一个重要阶段，其所传达的教诲和能量无法胜任指导和激励未来的任务，无法指导摆在我们面前的伟大工作。没有这些传统，我们将永远无法发挥作用。但是，仅靠这些古老的传统无法满足当下的需要。显而易见，它们无法阻止也没有正确地批判当前的形势。新的事物正在产生，新的愿景和新的能量也正在形成。

经过 4 个世纪的经验观察和实验，我们对宇宙最深的奥秘有了新的体验。我们认为，宇宙既是一个不可逆变化的发展序列，

① 又译“跋弥”。——译者注

也是一个不断更新的季节循环序列。我们发现自己既作为宇宙又作为宇宙起源而生活。在这种情况下，我们自己已经成为某种宇宙力量。如果我们以前生活在一个被完全理解的、不断更新的季节变化序列中，那么现在我们既把自己看作一系列不可逆变化的结果，又把自己看作当前地球正在经历的变化的决定性力量。

正如当大气中的游离氧含量超过其应有的比例，便会毁灭所有生物那样，现在，可怕的力量也正在被释放到整个地球上。然而，这一次的原因是工业经济正在以地球以前从未发生过的方式和程度在扰乱这颗星球的地质结构和生命系统。地球上许多最精致的生命、壮丽和美丽的表达方式，现在都面临着生存的威胁。所有这些都是人类活动的结果。

这种恶化如此严重且不可逆转，所以我们更倾向于相信别人告诉我们的，即我们只有一个短暂的时期来扭转地球上不断被造成破坏的局面。直到最近，人类才开始对地球所遭遇的一切痛心疾首。虽然我们在登月之旅中也许会为自己的科技成就而欢欣鼓舞，但也必须有未雨绸缪、防微杜渐的先见之明，通过将这些相同的科技流程应用于工业，我们已经削弱了地球的雄奇、壮美以及滋养能力。我们可能会失去所有这些奇妙的生命表现形式所带给我们的最美好的经历，并失去我们赖以生存的衣食住行的源泉。

可悲的是，所有这些在过去的6500万年中所形成的生命表达形式正被如此肆无忌惮地置于毁灭性的境地。这些引人入胜的生命表达形式正是地球发展的抒情时刻。然而正如过去常常发生的那样，灾难性的时刻也伴随着创造性的时刻。我们渐渐开始学会理解地球给予我们的礼物。

在这种情况下，我们必须把进入21世纪的这一过渡时期视为一个荣耀的时刻。一个独一无二的机会出现了。因为如果挑战是如此绝对，那么可能性也是相应广泛多样的。我们已经确定了我们所面临的困难和机遇。人类共同体，特别是世界上的工业国家，正在发生一场意识上的全面变革。自工业时代开始以来，我们第一次对它的破坏性有了深刻的批判，对正在发生的事情感到沮丧，并对我们面前的各种可能性有了一种有诱惑力的看法。

对人类来说，这些大部分的变化是前所未有的。然而，在 20 世纪的最后几十年里，所有的研究都为我们提供了关于我们必须做的事情的精确信息。一份长长的关于人、事业、机构、研究计划和出版物的名单被起草，这表明一些重要的事情正在发生。年轻一代正在成长，他们更加意识到需要建立一种与地球相互促进的人类存在方式。我们甚至被告知，对环境的关注必须成为"文明的核心组织原则"（Gore，p. 269）。

宇宙的故事现在被科学家们称为进化的史诗。我们开始理解我们人类与所有其他存在模式的同一性，这些模式与我们一起构成了单一的宇宙共同体。这个故事包括我们所有人。我们，每个人，彼此都是兄弟姐妹。每一个存在都与每一个其他存在紧密相连，并立即对其产生影响。

我们很清楚地看到，人类不曾遭遇过的事发生在了人类身上，发生在外部世界的事情也发生在了内部世界。如果外部世界的宏伟壮丽被削弱，那么人类的情感、想象、思维和精神生活就会被削弱或消失。没有翱翔的飞鸟、广阔的森林、昆虫的声音和色彩、自由流动的溪流、鲜花盛开的原野、白天的云朵、夜晚的星星，我们将在所有能使我们成为人类的方面变得贫瘠不堪。

现在自然界正在形成一种深刻的神秘感。除了对正在发生的事情的技术层面的理解和我们需要改变的方向之外，我们现在通过自身周围世界的奇迹来体验存在的深刻奥秘。通过自然历史散文家的写作，这一体验得到了相当大的发展。我们对各种自然现象的全神贯注是以与主题相适应的文学底蕴和阐释深度来呈现的，在劳伦·艾斯利（Loren Eiseley）的著作中我们尤其体验到了这一点，他在这个世纪为我们复原了自然界中关于我们的全部奇迹。他延续了19世纪拉尔夫·沃尔多·爱默生（Ralph Waldo Emerson）、亨利·大卫·梭罗（Henry David Thoreau）、艾米莉·狄金森（Emily Dickinson）和约翰·缪尔（John Muir）向我们展示的宇宙景象。

我们现在正在经历一个意义深远的时刻，远远超出我们任何人的想象。可以说，一个新的历史时期（即生态纪元）的基础已经建立在了人类事务的各个领域中，神话般的景象已经形成。一个工业技术天堂的扭曲梦想正在被这样一个梦想所取代——在一个不断更新的有机地球共同体中的一个更加可行的相互促进的人类存在的梦想。这个梦想激励着行动，在更大的文化背景下，成为指导和激励行动的神话。

然而，即使我们已步入21世纪，我们也必须注意到，荣耀时刻是转瞬即逝的。这种转变必须在短期内发生，否则它将永远消失。在这个浩瀚的宇宙故事中，如此多的危急时刻被成功地引导规避，这表明宇宙是与我们携手而不是与我们对抗的，是支持我们而不是反对我们的。人类所需要做的只是召唤这些力量来支持我们取得成功。尽管人类决不能低估为达到这些目标所要迎接的挑战，但也很难相信宇宙或地球的更大目标最终会被阻挡。

参考文献

THIS BIBLIOGRAPHY INCLUDES A WIDE RANGE OF SOURCE MATERIALS. Such extensive materials are required because of the comprehensive nature of the issues dealt with in this study. Here we are dealing with the wide range of human affairs in relation to the planet Earth. I have given a brief explanation of each item so that the reader will be acquainted with the issues presented. I have included writings from points of view diverse from my own. While the greater number of books are readily available, some were published earlier and may be difficult to locate. Yet these books are of special value for their contribution to the subject under discussion. Still, as long as this bibliography is, it is entirely inadequate in relation to the immense amount of material that deserves to be included. If some of the best materials are missing, I can only say that the books listed can at least be taken as a beginning.

Abram, David. *The Spell of the Sensuous: Perception and Language in a More-Than-Human World*. New York: Pantheon Books, 1996. A presentation of the manner in which humans symbolize their experience of the world about them, with special attention to what happens when this symbolization finds expression in language and in writing. Written with a new depth of insight into human-Earth relations.

Allen, Paula Gunn. *The Sacred Hoop: Recovering the Feminine in American Indian Tradition*. Boston: Beacon Press, 1986. A scholar of American Indian history and literature, a poet, and an essayist. Allen, with her Laguna Pueblo heritage, presents a rich and varied collection of essays dealing largely with the role of the feminine in the life and literature of the indigenous peoples of the North American continent.

Anderson, Robert O. *Fundamentals of the Petroleum Industry*. Norman, OK: University of Oklahoma Press, 1984. A valuable survey of the petroleum industry in its many aspects. Much of this data is not readily available elsewhere.

Anderson, William. *Green Man: The Archetype of Our Oneness with the Earth*. Photography by Clyde Hicks. San Francisco: HarperCollins, 1990. That the human had a certain identity with the Earth finds expression in the artistic form throughout Western history. The work of medieval artists is especially impressive.

Aquinas, Thomas. *Summa Contra Gentiles*. Translated by Anton C. Pegis. Notre Dame, IN: University of Notre Dame Press, 1955. The most significant work of Thomas Aquinas, written for those who do not accept the Christian scriptures. (Abbreviated as SCG.) References are cited as the book and the appropriate chapter. There are four books in this work; the chapters are the equivalent of extended paragraphs in contemporary writings.

——. *Summa Theologica*. Translated by English Dominicans. New York: Benziger Brothers, 1946. The thirteenth-century masterwork of Thomas Aquinas explaining Christian belief within the context of Aristotelian cosmology. (Abbreviated as ST.) The work is written in terms of questions proposed and responses given. References are cited as one of the three parts of the work, then the number of the question, then the number of the article answering the question.

Ayers, Harvard, et al., eds. *An Appalachian Tragedy: Air Pollution and Tree Death in the Eastern Forests of North America*. San Francisco: Sierra Club Books, 1998. The text of this photographic volume is by Charles Little, someone with a comprehensive acquaintance with the forests of the North American continent. The photographs are rendered with the perfection that is now possible.

Bailey, Ronald, ed. *The True State of the Planet: Ten of the World's Premier Environmental Researchers in a Major Challenge to the Environmental Movement*. New York: The Free Press, 1995. A work by ten scholars in various fields of expertise, all claiming that the industrial venture is not ruining the planet but is rather assisting efforts to maintain the well-being of the planet, this is a direct assault on the environmental movement, sponsored by the Competitive Enterprise Institute. It is of value to know how prevalent the antagonism to the environmental movement is.

Baring, Anne, and Jules Cashford. *The Myth of the Goddess: Evolution of an Image*. London and New York: Penguin Books, 1991. A monumental survey of Goddess worship in various cultural traditions with abundant literary references and impressive illustrations. Written with clarity and grace of expression.

Barlow, Connie, ed. *Evolution Extended: Biological Debates on the Meaning of Life*. Cambridge: MIT Press, 1994. An extensive collection and interpretation of data on recent biological studies concerning the evolutionary story and the meaning that it has for the human story. Barlow is a writer and editor with both scientific insight and expository skills.

Barnet, Richard J., and John Cavanaugh. *Dreams: Imperial Corporations and the New World Order*. New York: Simon and

Schuster/ Touchstone Books, 1994. A vast amount of information on the functioning of the corporations, their control of human affairs, and the consequences in every phase of human social and cultural development.

Barney, Gerald O., ed. *The Global* 2000 *Report to the President, Entering the Twenty-first Century.* "Commissioned by Carter, Disregarded by Reagan, Published Here in an Unabridged Edition." New York: Penguin Books, 1982. This volume has special significance as the first effort sponsored by the American political establishment to make a comprehensive survey of the economic-political problems that will surely arise as the industrial order finds itself in a world of ever-diminishing natural resources.

Berger, John J. *Restoring the Earth: How Americans Are Working to Renew Our Damaged Environment.* New York: Doubleday, 1987. An impressive series of grassroots programs for restoring the Earth are presented here in full detail.

Berry, Wendell. *The Unsettling of America: Culture and Agriculture.* New York: Weatherhill Press, 1986. A classic treatise by an active American farmer on the relationship between the culture of a people and the cultivation of the land. Berry describes how all the basic values in this way of life become distorted by industrial agriculture.

Bertell, Rosalie. *No Immediate Danger: Prognosis for a Radioactive Earth*. Toronto, Canada: Women's Educational Press, 1985. A careful and detailed examination of the consequences of nuclear radiation on the biosystems of the natural world, with special attention to the consequences on the human population.

Billington, Ray Allen. *Land of Savagery, Land of Promise: The European Image of the American Frontier in the Nineteenth Century*. New York: W. W. Norton, 1981. An impressive collection of data from the writings of Europeans, mostly of the nineteenth century, but with extensive data from the eighteenth. Author is concerned with the various interpretative contexts of the writers, from romantic idealism to extreme realism.

Boff, Leonardo. *Cry of the Earth, Cry of the Poor*. Maryknoll, NY: Orbis Books, 1997. An impressive insight into the relation between the social issue and the ecology issue from a Latin American liberation theologian with intimate experience of both issues. He shows how neither ecological improvement nor social well-being will function separate from each other.

Bohm, David. *Wholeness and the Implicate Order*. London: Routledge and Kegan Paul, 1980. This philosopher has given his attention especially to the immediate relationship between the smallest particle and the larger community of existence. Bohm provides a way of understanding how the universe can be integral with itself throughout its vast extent in space and its sequence of transformations in time.

Bookchin, Murray. *The Ecology of Freedom*: *The Emergence and Dissolution of Hierarchy*. Palo Alto, CA: Cheshire Books, 1982.

——. *Remaking Society*. Montreal: Black Rose Books, 1989. The earliest of our American social ecologists, Murray Bookchin is profoundly dedicated to the elimination of hierarchical controls in human societies. He is also concerned with the harm done by the dominion of humans over nature.

Bourdon, David. *Designing the Earth*: *The Human Impulse to Shape Nature*. New York: Harry N. Abrams Press, 1995. A presentation of the large-scale work of humans in monumental architectural structures imposed on the Earth and in the carving of the Earth itself.

Bowers, C. A. *The Culture of Denial*: *Why the Environmental Movement Needs a Strategy for Reforming Universities and Public Schools*. Albany, NY: State University of New York Press, 1997. One of the most competent educators outlines what must be done to evoke a sense of the universe and the role of the human in the universe within educational programs at all levels.

——. *Educating for an Ecologically Sustainable Culture: Rethinking Moral Education, Creativity, Intelligence, and Other Modern Questions.* Albany, NY: State University of New York Press, 1995. An extensive consideration of the deeper cultural forces that brought about the ecological crisis and the cultural changes needed to remedy our present situation, with special attention to education.

Breton, Mary Joy. *Women Pioneers for the Environment.* Boston: Northeastern University Press, 1998. A book that deserves reading by everyone with concern for both the role of women in our society and for healing the ecological disruption caused by modern industry. Until recently men have been better known in nature writing, women have been doing the work of revealing the pollution taking place and working to stop the devastation of the natural world. More than forty of these women are identified here.

Brock, William H. *The Norton History of Chemistry.* New York: W. W. Norton, 1992. A reliable and well-written survey of the long sequence of developments that have led to our present competence in the field of chemistry. Since an immense volume of chemical toxins is disturbing the life-systems of the planet, some acquaintance with the backgrounds of the chemical industry is helpful.

Brower, David, with Steve Chapple. *Let the Mountains Talk, Let the Rivers Run: A Call to Those Who Would Save the Earth.* New

York: HarperCollins, 1995. David Brower is a person of rare dedication and efficacy in his leadership in guiding environmental organizations and saving the natural regions of North America. He is perhaps the person in these times to be considered as successor to John Muir or Henry Thoreau. This is a book of reflections in his later years with all the insight and inspiration that we are accustomed to receiving from him.

Brown, Lester R., and Hal Kane. *Full House: Reassessing the Earth's Population Carrying Capacity*. New York: W. W. Norton World Watch Series, 1994. A well-documented account of the projected population increase and expected food consumption in relation to the resources for growing the food needed for an acceptable level of survival. Brown has been the moving power in the World Watch Institute and in the annual publication of *The State of the World*.

Brown, Lester, et al., eds. *Vital Signs*. New York: W. W. Norton. An annual publication of the World Watch Institute since 1992. A survey of the health of the Earth in its basic components, such as air, water, and food supply.

Buell, Lawrence. *The Environmental Imagination: Thoreau, Nature Writing, Nature Writing and the Formation of American Culture*. Cambridge: Harvard University Press, 1995. The environmental consciousness has a long history of literary expression in poetry and especially in the natural history essay. This study of environmental consciousness is an important contribution to understanding our contemporary American culture.

Burdick, Donald L., and William L. Leffler. *Petrochemicals in Nontechnical Language*. Tulsa, OK: PennWell Publishing, 1990. A clear and authentic presentation of the petrochemical industry, one of the central industries in its immediate effect on the planet Earth and its air, water, soil, and biological organisms.

Burger, Julian. *The Gaia Atlas of First Peoples: A Future for the Indigenous World*. New York: Doubleday Anchor Books, 1990. An extremely useful comprehensive survey of the tribal peoples of the world in all their diversity, with basic information on their present status.

Cajete, Gregory. *Look to the Mountain*. Durango, CO.: Kivaki Press, 1994. A Pueblo Indian perspective on Native American worldviews and ecology.

Callicott, J. Baird. *Earth's Insights: A Multicultural Survey of Ecological Ethics from the Mediterranean Basin to the Australian Outback*. Berkeley: University of California Press, 1994. Baird Callicott has long been dedicated to the basic cultural need for a land ethic supporting an intimate rapport with the natural world about us. Here he surveys many of the world's religious traditions in support of environmental ethics.

Campbell, Colin J. *The Coming Oil Crisis*. Brentwood, Essex, England: Multiscience Publishing and Petroconsultants, 1997. The author has followed the petroleum industry in minute detail throughout his professional life. He documents: the discovery, the amount of petroleum available, the rate of use, with careful mathematical measurements as regards its future availability. He has also consulted other authorities in this field before making the final calculations recorded here.

Carson, Rachel. *The Sense of Wonder*. Photographs by Charles Pratt and others. New York: Harper and Row, 1956. Here we are presented with a profound appreciation of the awakening of wonder within children at their first experiences of the natural world and the wonderful discoveries that can be made, especially at the seashore.

——. *Silent Spring*. Boston: Houghton Mifflin, 1962. This is the work of a research biologist sensitive to the consequences of the use of chemicals in efforts to suppress pests and weeds in agriculture, with special reference to the damage done by DDT. This study evoked an intense opposition to Carson's work in scientific circles, in the media and, of course, in the industrial world.

Chung, Hyun Kyung. *Struggle to Be the Sun Again: Introducing Asian Women's Theology*. Maryknoll, NY: Orbis Books, 1990. This book is written with superb insight into the inherent nobility of women amid the oppressions that women have endured. Some sense of the grace and understanding of the author's writing can be seen in her summary statement that theology for Asian women is a language of "hope, dreams, and poetry."

Clinebell, Howard. *Ecotherapy: Healing Ourselves, Healing the Earth*. Minneapolis, MN: Fortress Press, 1996. The author is one of the most competent of contemporary writers on the healing relations between the individual, society, and the natural world.

Cobb, John B., Jr. *Sustainability: Economics, Ecology and Justice*. Maryknoll, NY: Orbis Books, 1992. A foremost theologian who is also knowledgeable in the field of economics brings these disciplines into their proper relation with ecology.

Colburn, Theo, et al. *Our Stolen Future*. New York: E. P. Dutton, 1996. A detailed and extensively researched study of the insidious influence of chemicals on the biological development and functioning of humans, especially during the period when the fetus is in the womb as well as when children in their early years are most vulnerable.

Cole, Nancy, and P. J. Skerrett. *Renewables Are Ready: People Creating Renewable Energy Solutions*. White River Junction, NY: Chelsea Green Publishing, 1995. A proposal sponsored by the Union of Concerned Scientists that the technologies for using renewable energies including photovoltaics, solar heating devices, wind and hydroelectric turbines, and biomass generators, are now available for shifting from nonsustainable fossil fuel energies to sustainable energies.

Costanza, Robert, et al. *An Introduction to Ecological Economics*. A publication of the International Society for Ecological Economics. Boca Raton, FL: St. Lucie Press, 1997. This author, together with Herman Daly and Richard Norgaard, has been a leading influence in introducing the ecological dimension into the study and application of economics. This is a first volume available for institutions of economics and business administration.

Crèvecœur, J. Hector St. John de. *Letters from an American Farmer*. New York: E. P. Dutton, 1957. First published in 1782. "Letters" here is a literary form for expressing the personal experience of the author in farming in the eastern region of the North American continent in the eighteenth century.

Critchfield, Richard. *Villages*. New York: Doubleday Anchor Books, 1981. A survey of village life based on personal experience of villages throughout Asia, Africa, South America, Mexico. Since humans arose into their more developed modes of cultural expression in the village context, we are, in a manner, village beings. The village remains our proper context. Both a deterioration and a renewal of village life is under way throughout the world.

Cronon, William, Jr. *Changes in the Land: Indians, Colonists, and the Ecology in New England.* New York: Hill and Wang, 1983. This story of New England based on the geography and the ecology of the land has, in my view, established what might be considered as a new genre of history, a history based on the integral relation of human communities with the larger community of the natural world. A valuable addition to the usual political, economic, social, and religiously based historical interpretations.

Cronyn, George W., ed. *American Indian Poetry: An Anthology of Songs and Chants.* New York: Liveright, 1934. An excellent collection of Indian poetry with ritual chants. The introduction is by Mary Austin, a well-known native fiction writer of the Southwest.

Crosby, Alfred W. *Ecological Imperialism: The Biological Expansion of Europe* 900 – 1900. New York: Cambridge University Press, 1986. It is a startling realization that the biological species that have been transplanted from Europe to other regions of the world have been so severe a disruption of the native biosystems.

Daily, Gretchen C., ed. *Nature's Services: Societal Dependence on Natural Ecosystems*. Washington, D. C., and Covelo, CA: Island Press, 1997. A collection of essays on how humans benefit from the integral functioning of the natural world and the corresponding impasse that occurs to the human venture when these benefits are diminished or eliminated.

Daly, Herman E. *Steady State Economics*. San Francisco: W. H. Freeman Press, 1977. A book that should never be forgotten for its significance in introducing a new period in our understanding of economics. Daly's work succeeded that of Nickolaus Georgescu-Roegan. With their work we begin to understand that any human economy will always be a subsystem of the Earth economy.

Daly, Herman E., and John B. Cobb, Jr. *For the Common Good*. Boston: Beacon Press, 1989. A significant study of the present by a theologian and an economist concerned with both the social well-being in the human world and ecological well-being in the natural world.

Dawkins, Richard. *The Blind Watchmaker: Why the Evidence of Evolution Reveals a Universe Without Design*. New York: W. W. Norton, 1987. A highly praised presentation of evolution considered from a rigorous empirical point of view.

Dawson, Christopher. *The Making of Europe: An Introduction to the History of European Unity*. New York: World Publishing, 1932. A classic in the cultural history of the European world that has kept its value over the years. Required reading for anyone who wishes to understand the cultural experience out of which both Europe and America were born and which still determines the deeper structures of Western civilization.

deBary, Wm. Theodore, Richard Lufrano, and Irene Bloom, eds. *Sources of Chinese Tradition*. Two volumes. New York: Columbia University Press, 1999. An indispensable collection of basic sources in Chinese thought and literature from earliest times until the late twentieth century. First published in 1959, this new edition greatly expands the first edition.

Deloria, Vine. *For This Land: Writings on Religion in America*. New York: Routledge, 1998. A collection of writings done over the past three decades by a foremost American Indian intellectual and cultural critic.

DeMaillie, Raymond J., ed. *The Sixth Grandfather: Black Elk's Teachings Given to John G. Neihardt*. Lincoln, NB: University of Nebraska Press, 1984. This is a more recent study of the notes of John Neihardt, which he took from the verbal narrative of Black Elk as he narrated his life story in the 1930s. DeMaillie is an accomplished and recognized scholar of the Plains Indians.

Devall, William, and George Sessions. *Deep Ecology: Living as if Earth Matters*. Salt Lake City, UT: Peregrine Smith Press, 1985. These two authors are the principal scholars in America committed to the teachings of Arnie Naess, who asserts the continuity between humans and other life-forms in a single interrelated community.

Dickason, Olive Patricia, ed. *The Native Imprint: The Contribution of First Peoples to Canada's Character*. Vol. 1. Alberta, Canada: Athabasca University Press, 1995. A basic source for understanding the native influence on the European culture that moved into North America, from the years of the original discoveries until 1815, the date of the conclusion of the Napoleonic Wars and the convening of the Congress of Vienna, which had consequences especially in the French-Canadian world.

Douglas, William O. *A Wilderness Bill of Rights*. Boston: Little, Brown, 1965. One of the few books written in defense of the inherent rights of natural modes of being, claiming nature should not be degraded simply for utilitarian purposes by humans. Douglas was an Associate Justice of the Supreme Court of the United States from 1939 until 1975. He was also a naturalist of some competence.

Dowie, Mark. *Losing Ground: American Environmentalism at the Close of the Twentieth Century*. Cambridge: MIT Press, 1995.

A supporter and yet a severe critic of the functioning of the environmental movement. He is especially critical of the larger environmental organizations for lack of social emphasis, depending too much on official political processes and accepting too much support from the foundations and sources that are themselves causing the environmental disruptions. He wants the environmental movement to be more a social movement and less an ecology movement.

Drucker, Peter E. *Innovation and Entrepreneurship: Practice and Principles*. New York: Harper and Row, 1985. This is one of the more influential writings of the dean, and to some extent the founder, of humanistic management as is widely taught in the colleges and universities of America. His sense of management, for all its deficiencies, was a decided improvement on the managerial style of Frederick Winslow Taylor, based on the engineering model, with its insistence on elaborate time studies in evaluating the efficacy of any production process or the value of any employee.

Dubos, René. *Celebrations of Life*. New York: McGraw Hill, 1981. A French research physician and biologist, whose primary study was soil biology, Dubos came to America early in his professional life. He taught at Rockefeller University, assisted in developing drugs for fighting bacterial infections, and isolated the antibiotic that formed the basis for future chemotherapy. He wrote extensively on ecological issues.

Earley, Jay. *Transforming Human Culture: Social Evolution and the Planetary Crisis*. Albany, NY: State University of New York Press, 1997. The author, a careful and learned scholar in the history of social and cultural evolution, proposes that we must take charge of history and the evolutionary process. We can do this now, he proposes, in the general pattern outlined earlier by Duane Elgin and Ken Wilber. The basic emphasis is on attaining a new level of consciousness.

Ehrenfeld, David. *The Arrogance of Humanism*. New York: Oxford University Press, 1981. The thesis of this book indicates that a basic flaw in Western civilization leads to the devastation of the natural world and the incompetence of religious establishments in dealing with the ecological issues. Arrogance must be listed along with androcentrism and patriarchy as a basic flaw in Western civilization; perhaps it is both a cause and a consequence of these other oppressive attitudes.

Ehrlich, Paul R., and John P. Holdren, eds. *The Cassandra Conference: Resources and the Human Predicament*. College Station, TX: Texas A&M University Press, 1988. A conference of scientists called to discuss the human predicament, it was named Cassandra because of its concern for the devastating future awaiting the human community if the assault on the integral functioning of the natural world continues.

Ehrlich, Paul and Anne. *The Population Explosion*. New York: Simon and Schuster, 1991. Paul and Anne Ehrlich are among the earliest, most perceptive, and most consistent observers of the inherent difficulties that would inevitably follow in both the human community and the natural world from unlimited population increase.

Eiseley, Loren. *The Unexpected Universe*. New York: Harcourt Brace Jovanovich, 1969. Dean of the school of anthropology at the University of Pennsylvania and member of the American Academy of Literature, this author was among the most profound of American naturalists in the twentieth century. He wrote extensively in both prose and poetry.

——. *The Night Country*. New York: Charles Scribner's Sons, 1971. Here we have a confrontation with the darker sources at work in the human psyche and in the social process. The value of this author's work is precisely in his clarity in writing about the dark and the daylight worlds in which our human destinies are worked out.

Eisler, Riane. *The Chalice and the Blade: Our History, Our Future*. San Francisco: Harper San Francisco, 1987, 1995. A full and forceful presentation of the early Goddess culture of the Neolithic Period and the rise of patriarchy in association with the rise of the god cultures in the beginning period of the classical civilizations.

Eldredge, Niles. *Reinventing Darwin: The Great Debate at the High Table of Evolutionary Theory*. New York: John Wiley & Sons, 1995. Evolutionary explanation has changed considerably since Darwin published his book in 1859. To understand just how we arrived at our present explanation, this is the book to read.

——. *Life in the Balance: Humanity and the Biodiversity Crisis*. Princeton, NJ: Princeton University Press, 1998. An important treatment of the role of humans in the current sixth extinction period, along with suggestions for how to halt this current loss of biodiversity.

——. *The Pattern of Evolution*. New York: W. H. Freeman, 1999. A further study of evolution and the pattern in its sequence of developments.

Ellul, Jacques. *The Technological Society*. New York: Alfred Knopf/Vintage Books, 1964. Original French edition, 1954. For a critique of modern industrial technologies and their inherent deleterious influence on the human and spiritual cultures of the Western world this presentation remains unique for the depth of its analysis of what has happened in the twentieth century and the profound consequences of technological civilization on the human mode of being.

Fagin, Dan, Marianne Lavelle, and the Center for Public Integrity.

Toxic Deception: How the Chemical Industry Manipulates Science, Bends the Law, and Endangers Your Health. Secaucus, NJ: Birch Lane Press, 1996. A comprehensive study of the commercial imposition of a multitude of toxic chemicals on the American public.

Flannery, Timothy Fridtjof. *Future Eaters: An Ecological History of the Australasian Lands and People*. New York: George Braziller, 1994. A unique study of the species extinction that occurred under the influence of earlier peoples based on thorough research and careful interpretation of the influence on other species by the early human inhabitants of Australasia. It is something of a revelation to those who consider that indigenous peoples are consistently benign in their relation with other forms of life on Earth.

Fletcher, W. Wendell, and Charles E. Little. *The American Cropland Crisis: Why U.S. Farmland Is Being Lost and How Citizens and Governments Are Trying to Save What Is Left*. Bethesda, MD: American Land Forum, 1982. A useful study of the need to appreciate the agricultural land of the North American continent as the greatest body of cropland on the planet. The lack of any effective program to preserve this land in its integrity is a profound failure of the administration, the Congress, and the people. The study presented here is one of the finest statements of what needs to be done.

Frankfort, Henri, et al. *Before Philosophy: The Intellectual*

Adventure of Ancient Man. Baltimore: Penguin, 1949. (Originally published by University of Chicago Press in 1946.) An archaeologist with extensive experience in the ancient Near East, the author had a valuable insight into the coordination of human affairs with the structure and functioning of the larger cosmological order.

Frieden, Bernard J. *The Environment Protection Hustle*. Cambridge: MIT Press, 1979. A critique of the environmental movement as elitist and without concern for the real problems of the people. This study is based on research done in response to the efforts to limit development in California in the 1970s.

Friedman, Lawrence M. *A History of American Law*. 2d ed. New York: Simon and Schuster, 1985. A thorough and quite readable account of the development of law and its manner of functioning in America. An understanding of the legal context of human relations with the natural world is necessary for the success of any environmental activity. This should be read in relation to the work by Morton Horowitz that is also cited in this bibliography.

Fumento, Michael. *Science Under Siege: How the Environmental Misinformation Compaign Is Affecting Our Lives*. New York: William Morrow, 1993. An emotionally based assault on ecological writings as being scientifically untenable.

Fuson, Robert H. *The Log of Christopher Columbus*. Camden, ME: International Marine Publishing Company, 1987. A more recent translation of the earliest of our sources for the first impressions of Europeans on establishing communication with the indigenous peoples of the Americas.

Gever, John, et al. *Beyond Oil: The Threat to Food and Fuel in the Coming Decades*. Cambridge: Ballinger Publishing Company, 1986. A valuable study of the consequences of the depletion of petroleum on agricultural production due to a decline in the availability of oil-based fertilizer.

Gimbutas, Marija. *The Language of the Goddess*. San Francisco: Harper San Francisco, 1989. A scholar of some renown in her archaeological inquiry into the mythology of the Goddess in the late Paleolithic and throughout the Neolithic Periods of human development, in the region of Asia Minor and the Balkan region of what is considered Old Europe.

Glacken, Clarence J. *Traces on the Rhodian Shore: Nature and Culture in Western Thought: From Ancient Times to the End of the Eighteenth Century*. Berkeley: University of California Press, 1967. A study of the history of Western civilization with an impressive depth of understanding of the role of the human in the larger context of the natural world as this has been envisaged in the various periods of

Western development.

Goldsmith, Edward. *The Way: An Ecological World View.* Boston: Shambhala, 1993. One of the most perceptive of contemporary writers on ecological issues, Goldsmith presents a comprehensive statement of the most urgent issues of the present.

Goodenough, Ursula. *The Sacred Depths of Nature.* New York: Oxford University Press, 1998. We could never have guessed that scientific inquiry would open into such a world of wonder for the mind and such joy of heart.

Gore, Albert. *Earth in the Balance.* New York: Houghton Mifflin, 1992. An excellent presentation of the basic ecology issues with sound guidance for a way of dealing with them.

Griffin, Susan. *Woman and Nature.* New York: Harper and Row, 1978. An impressive scholar and writer of the feminist movement expresses her concern over an exaggerated identification of woman with nature.

Grim, John, *The Shaman.* Norman, OK: University of Oklahoma Press, 1984. An important study of the shaman in the context of the typology of religious personalities. Special attention is given to these healing practitioners among the Ojibway peoples.

Hawken, Paul. *The Ecology of Commerce*. New York: HarperCollins, 1993. The author shows a realistic understanding of the ecological crisis and a corresponding awareness of the present commercial-industrial world and its mode of functioning. His hope is that the corporations controlling the present Earth situation will lead us into restorative economics, an economics more sustainable in the future than our present plundering economics.

Hayden, Tom. *The Lost Gospel of the Earth*. San Francisco: Sierra Club Books, 1996. A book of personal experiences and reflections from someone with extensive experience in the world of political affairs. Tom Hayden brings together views of various religions for an ecologically sustainable future.

Helvarg, David. *The War Against the Greens: The Wise-Use Movement, the New Right, and Anti-Environmental Violence*. San Francisco: Sierra Club Books, 1994. A valuable resource for understanding the assault against the environmentalist movement.

Herlihy, David. *The Black Death and the Transformation of the West*. Edited and with an introduction by Samuel K. Cohn, Jr. Cambridge, MA, and London, England: Harvard University Press, 1997. One of the best studies of the Black Death and its consequences in the economic, social, and cultural development of this critical century in Western history.

Herman, Arthur. *The Idea of Decline in Western History*. New York: The Free Press, 1997. A long and detailed overview of the pessimism of the last two centuries concerning the future of civilization just when the doctrine of progress seemed to be realized in the industrial-commercial dominion over nature.

Hessel, Dieter, and Rosemary Radford Ruether, eds. *Christianity and Ecology*. Cambridge: Center for the Study of World Religions and Harvard University Press, 1999. This is the most comprehensive collection of papers to date on the role and resources of Christianity in relation to the environment.

Horowitz, Morton J. *The Transformation of American Law*, 1780 – 1860. New York: Oxford University Press, 1995. Originally published in 1977. An invaluable work for understanding the bonding of the legal and the judiciary professions in America with the commercial-industrial establishment to the neglect of the ordinary citizen, worker, farmer, and those less affluent or influential.

——. *The Transformation of American Law*, 1860 – 1920. Cambridge: Harvard University Press, 1994. In this second volume on American law, the most valuable contribution is the description of the rise of the commercial, industrial, and financial corporations, their legal status, and the power they have attained.

Hughes, Robert. *American Visions: The Epic History of Art in America*. New York: Alfred A. Knopf, 1997. Since much of this book is concerned with the relation of the human community with the natural world, it is of great value to see how this relationship is depicted in the various arts. Here the visual arts are presented.

Hunt, Charles B. *Natural Regions of the United States and Canada*. San Francisco: W. H. Freeman Press, 1974. While this is an older work, it is still valuable for its identifications and thorough descriptions of the various geographical regions of the North American continent.

Huntington, Ellsworth. *Climate and Civilization*. New Haven: Yale University Press, 1915. This is one of the earliest and most thorough studies of the effects of geographical environment on human cultural development.

Hyams, Edward. *Soil and Civilization*. New York: Harper and Row Torchbooks, 1952. A unique book, written in superb English style and with comprehensive erudition, it provides insight into the various civilizations of the past, the manner in which they have dealt with their land, and the consequences on the human community itself. The decline of civilizations seems to be closely related to the lack of care for and the consequent deterioration of their soil.

Irland, Lloyd C. *Wildland and Woodlands: The Story of New England's Forests*. Hanover, NH: University Press of New England, 1982. An excellent description of the forests of New England, their history, their present status, and their future prospects, by someone who is himself a forester with extensive academic training and official experience. He outlines the necessary steps that need to be taken if these forests are to continue in any integral manner.

Jackson, Wes. *Becoming Native to This Place*. Lexington, KY: University Press of Kentucky, 1994. This series of six essays are an expansion of a lecture given at the University of Kentucky on the need for a sense of place, how this was lost and how it can be recovered. The small community in intimate contact with the land is the needed context for a recovery of this sense of place.

——. *New Roots for Agriculture*. New York: Friends of the Earth, 1980. The author, founder and director of the Land Institute in Salina, Kansas, studies the deeper forces at work in the biosystems of the natural world that we need to understand if we are to sustain the health of our agricultural products over a prolonged period of time. He is concerned with the integral health of these sources on which the food supply of humans depends. He is also deeply committed to the permaculture practices of agriculture.

Jansson, AnnMari, et al., eds. *Investing in Natural Capital*:

The Ecological Economics Approach to Sustainability. Washington, D. C.: The Free Press, 1994. We need to protect and foster whatever natural capital survives the abuse we have shown to those very forces on which we depend for continued well-being of the human community.

Jantsch, Erich. *The Self-Organizing Universe: Scientific and Human Implications of the Emerging Paradigm of Evolution*. New York: Pergamon, 1980. This is an authentic presentation of the thought of Ilya Prigogine, whose basic study has been in chemistry. Even in the pre-living world an active self-organizing dynamics is functioning. The presentation here includes various levels of self-organizing, from the earliest shaping of matter to the activity of humans. This spontaneous appearance of ordered complexity is one of the main concerns of thoughtful scientists at the present time.

Jensen, Derrick, et al. *Railroads and Clearcuts*. Spokane, WA: Keokee Inland Island Public Lands Council, 1995. Story of the vast timberlands of the Northwest given by Congress in 1864 to the Northern Pacific Railroad to be sold as a commodity, mostly to the Weyerhauser corporate empire, for clearcutting—and the consequences into the present.

Johnson, Hugh. *The International Book of Trees*. New York: Simon and Schuster, 1973. The author has a rare gift for understanding and writing about the various species of trees. He not only describes the various species in technical language, he also communicates something of that deeper reality that is the poetry or the mystique of the various species.

Kauffman, Stuart. *At Home in the Universe: The Search for Laws of Self-Organization and Complexity*. New York: Oxford University Press, 1995. Written by a widely recognized scientist concerned with the comprehensive study of the universe and the source of its order from its physics, through its chemical, biological, and historical human phases. He is a scientist who is also a writer of impressive competence. This is an excellent source to see how thinking scientists are interpreting their own discoveries.

Kay, Jane Holtz. *Asphalt Nation: How the Automobile Took Over America and How We Can Take It Back*. New York: Crown Publishers, 1997. A book long needed to understand just what is happening to the human community as the automobile becomes the central economic feature of the society, with corresponding cultural consequences.

Kaza, Stephanie. *The Attentive Heart: Conversations with Trees*. New York: Ballantine Books, 1993. While others write about intimacy with nature, this author expresses it.

Keller, Evelyn Fox. *A Feeling for the Organism: The Life and Work of Barbara McClintock*. New York: W. H. Freeman, 1983.

One of the most significant books to indicate the value of the personal rapport of the biological scientist with the subject being studied.

Kelley, Kevin W. *The Home Planet*. New York: Addison-Wesley, 1988. A book of photographs chosen from the NASA collection, taken by the astronauts and published with brilliant comments by the astronauts themselves. The poetic and emotional tone of the comments makes a powerful impact.

Kimbrell, Andrew. *The Human Body Shop: The Engineering and Marketing of Life*. San Francisco: Harper San Francisco, 1993. A detailed study of what is happening now in transplanting and modifications we are imposing on the human body. Written by someone with exceptional clarity in his thinking and precision in his writing.

Kolodny, Annette. *The Lay of the Land: Metaphor as Experience and History in American Life and Letters*. Chapel Hill, NC: University of North Carolina Press, 1975. A study of the feminine metaphor for understanding and relating to the New World discovered here in North America. Provides the basis for a critical insight into the forces in American history and culture that have been leading the society into a destructive relation with its land.

Korten, David. *When Corporations Rule the World*. San

Francisco: Kumarian Press and Berrett-Koehler Publishers, 1995. A book that everyone should read in order to understand what is happening to the planet Earth and the political and economic world as the corporations take possession of the planet both in its physical reality and its political controls. We are in the age when the nation-state has so declined that it must now be considered mainly as an instrument to assist the transnational corporations in their quest to control the planetary process in its every aspect.

——. *The Post-Corporate World: Life After Capitalism.* San Francisco: Kumarian Press and Berrett-Koehler, 1998. Here the author proposes a new, more organic approach to the life process, a truly democratic life based on local economies free from the oppresive dominace of the great corporations. He goes far beyond generalizations into detailed consideration of all the various aspects of how a valid economy would function. The most comprehensive guide that I have seen both in the principles presented and the details of application.

Lawlor, Robert. *Voices of the First Day: Awakening the Aboriginal Dreamtime.* Rochester, VT: Inner Traditions, 1991. An excellent collection of information and understanding of the inner world of indigenous peoples as expressed in the language and in the artistic imagery of the Aborigines of Australia.

Lebon, J. H. G. *An Introduction to Human Geography.* New

York: Capricorn Books, 1966. Studies in geography are among the best ways of entering the field of ecology, as witness recent analyses of economic and political geography. Of books dealing with human geography this volume, though written some years ago, remains one of the most helpful.

Kimbrell, Andrew. *The Human Body Shop: The Cloning, Engineering, and Marketing of Life*. Upland, Pa.: Diane Publishing, 2nd ed. 1999. Orig. ed. 1993. A thorough critique of the ever-increasing attack on the human person through reduction of the human body to a commodity to be controlled, dissected, bought, and sold as any other physical being. Of special concern are the efforts being made to intervene in the genitic process with totally inadequate understanding of how it functions or the consequences of such actions. The author, founder and director of the International Center for Technological Assessment, is remarkably clear in his thinking and precise in his writing.

Legge, James, tran. *Sacred Books of China, Part* Ⅲ, *Sacred Books of the East*, vol. 27. Delhi: Motilal Banarsidass. Reprint 1966. (originally published in London in 1885.) This is a translation of the ancient Book of Ritual, known as the Li Chi in China.

Leiss, William. *The Domination of Nature.* New York: George Braziller, 1972. A study of scientific discoveries inspired by the quest for human domination of the natural world and its consequences on both the natural world and human society itself.

Leopold, Aldo. *A Sand County Almanac, With Essays on Conservation From Round River*. New York: Oxford University Press, 1966. A classic treatise, especially renowned forits section on "A Land Ethic."

Little, Charles E. *The Dying of the Trees*. New York: Viking Press, 1995. A soul-shaking survey of the condition of the forests throughout the North American continent by an author fully competent to write on this subject. Simply recalling the American chestnut and the American elm of the past and the present declining situation of the hemlock, the dogwood, the beech, and the sugar maple should evoke an intense reaction toward protecting the remaining species, which could be imperiled as long as present conditions persist.

Lopez, Barry Holstun. *About This Life: Journeys on the Threshold of Memory*. New York: Alfred A. Knopf, 1998. A collection of essays indicating just how we need to reshape our imagination and memory in our experience of the natural world.

——. *Arctic Dreams: Imagination and Desire in a Northern Landscape*. New York: Bantam Books, 1988. This book is a masterful description of Lopez's experiences in the Arctic regions.

——. *Of Wolves and Men.* New York: Scribner's, 1978. The author has an amazing ability to write from a personal sensitivity toward other species who share the planet with us.

Lovins, Amory. *Soft Energy Paths: Toward a Durable Peace.* San Francisco: Friends of the Earth International, distributed by Ballinger, Cambridge, MA. 1977. A widely read and influential presentation of a way to fulfill our energy needs without committing ourselves to nuclear sources or polluting industries.

Macy, Joanna. *Mutual Causality in Buddhism and General Systems Theory: The Dharma of Natural Systems.* Albany, NY: State University of New York, 1991. A special resonance is experienced between these two worldviews, revealing something profound in the functioning of the natural world in both its physical-material and psychic-spiritual aspect.

Mackinder, Sir Halford John. *Democratic Ideals and Realities.* London: Constable and Co., 1909. His essay on "The Geographical Pivot of History" was given in 1904. This book on democratic ideals was an expansion of his thesis. He taught at the School of Geography at Oxford, until 1904, then at the London School of Economics.

Marsh, George Perkins. *Man and Nature: Or Physical Geography as Modified by Human Action.* Cambridge: Harvard University Press,

1965. Originally published in 1864. Marsh was among the earliest American writers to give careful attention to the deleterious impact that humans were having on the natural world.

Maser, Chris. *Global Imperative: Harmonizing Culture and Nature.* Walpole, NH: Stillpoint Publishing, 1992. A scholar, forester, and thinker, the author has written an overall view of the human presence to the natural world, with indications of the need for a greater appreciation of the natural world for its aesthetic and spiritual as well as economic value to humans.

McDaniel, Jay B. *With Roots and Wings: Christianity in an Age of Ecology and Dialogue. Maryknoll*, NY: Orbis Books, 1995. A leading Christian theologian highlights important new directions for Christianity in relation to other religious traditions and in light of the environmental crisis.

McKibben, Bill. *Hope, Human and Wild: True Stories of Living Lightly on the Earth.* Boston: Little, Brown, 1995. After dealing in other books and essays with the deleterious aspects of what is happening on the planet, the author in these three essays deals with positive achievements, especially in Curitiba, a city in Brazil, and in Kerala, a state in southwest India. These are stories of ecological success in human communities.

McLuhan, T. C. *Touch the Earth: A Self-Portrait of Indian Existence*. New York: Promontory Press, 1971. A collection of remarkable statements of outstanding Indian personalities. These statements reveal the depth of insight and feeling of the indigenous peoples of the North American continent during the period of European occupation.

McPhee, John. *Annals of the Former World*. New York: Farrar, Straus & Giroux, 1998. An extremely valuable resource for its description of the geological record of the North American continent by someone with a lifelong dedication to understanding this continent in its historical emergence, its most basic structure and its integral functioning.

Meadows, Donella H., et al., eds. *The Limits to Growth: A Report for the Club of Rome's Project on the Predicament of Mankind*. New York: Universe Books, 1972. This work, sponsored by the Club of Rome and the Massachusetts Institute of Technology is, it seems, the first carefully studied overview of the human economic situation in relation to the resources of the natural world. That there was a problem remained largely unrecognized until after World War II. This book evoked intense opposition, yet the validity of its basic conclusions has been sustained. With Rachel Carson's *Silent Spring* in 1962 and the meeting of the United Nations Conference on the Environment held in Stockholm in 1972, this book can be considered as one of the main inspirations of the environmental movement throughout the world.

Meadows, Donella H., et al., eds. *Beyond the Limits: Confronting Global Collapse, Envisioning a Sustainable Future*. Post Mills, VT: Chelsea Green Publishing Company, 1992. A successor volume to the above title, this review of the subject some twenty years later reaffirms the basic conclusions arrived at earlier, with a greater sense of urgency toward reshaping the human venture in a more benign relation with the natural world.

Meiss, Millard. *Painting in Florence and Sienna after the Black Death*. Princeton, NJ: Princeton University Press, 1951. A survey of the changes in artistic expression and in forms of spirituality after the Black Death, based on extensive study of the contemporary documents of the period. An invaluable source for understanding the deeper cultural consequences of this experience, which has influenced Western history into our own times.

Merchant, Carolyn. *The Death of Nature: Women, Ecology, and the Scientific Revolution*. San Francisco: Harper San Francisco, 1990. These two books (see below) present the thought of one of the most effective historians of environmental thought to emerge from the feminist movement. The author emphasizes both social concerns and the integrity of the human community with the ecosystems of the planet.

——. *Ecological Revolutions: Nature, Gender, and Science in New England*. Chapel Hill, NC: University of North Carolina Press, 1989. A detailed study of the sequence of transformations in America in relation to the land.

Middleton, Susan, and David Littsschwager. *Witness: Endangered Species of North America*. Introduction by E. O. Wilson. San Francisco: Chronicle Books, 1994. A large-format book of photographs of many of the endangered species of North America, providing insight into what we are losing as various living forms become extinct.

Milbrath, Lester W. *Envisioning a Sustainable Society: Learning Our Way Out*. Albany, NY: State University of New York Press, 1989. A political scientist presents in three sections the results of his lifetime of thought concerning the present human situation: the present impasse, the future as an integral sustainable presence of humans in the natural world, and the way to achieve the desired transformation. The emphasis is on the need to change human ways of thinking so as to create a sustainable future.

Miller, Perry. *Errand into the Wilderness*. Cambridge: Harvard University Belknap Press, 1993. This author is the foremost scholar of the early years of New England Puritan theology and cultural thinking. Superb insight into the problems associated with the coming of European religion and culture into the wilderness world of America.

He sees religion as the basic issue of civilization in relation to nature.

Montessori, Maria. *To Educate the Human Potential*. Oxford, England: Clio Press, 1948. The first woman to obtain a medical degree in modern Italy, Montessori took on the issues associated with the integral development of children from their earliest years. She is among the most distinguished educators of our times. This might be considered one of her most significant books, especially for its insight into the importance of the child awakening to the surrounding universe.

Muir, John. *The Wilderness World of John Muir*. Edited with an introduction and interpretative comments by Edwin Way Teale. Illustrated by Henry B. Kane. Boston: Houghton Mifflin, 1954. The editor, a New England naturalist, has selected the most significant writings of the person who first appreciated in real depth the wilderness regions of northern California.

Nash, Roderick. *Wilderness and the American Mind*. New Haven: Yale University Press, 1967. 3d ed., 1989. Hardly any subject is more in need of elucidation than the meeting of persons from the Christian-humanist culture of Europe with the indigenous peoples and culture of the North American continent. The author reveals the difficulty Europeans encountered in their efforts to respond to the sacred in one of its most dramatic self-presentations on the American continent.

Neihardt, John G. *Black Elk Speaks: Being the Life Story of a Holy Man of the Oglala Sioux*. New York: Simon and Schuster, 1932. One of the most complete and authentic accounts that we have of a religious personality of the indigenous peoples of this continent. John Neihardt had the literary skill to enable the story of Black Elk to come through in the English language with exceptional clarity.

Noble, David F. *America by Design: Science, Technology, and the Rise of Corporate Capitalism*. New York: Alfred A. Knopf, 1977. This is one of the most significant works dealing with the rise of scientific technologies and the modern corporation in the late nineteenth century. It is most helpful in understanding the transition into the modern industrial period.

Noble, David W. *The Eternal Adam and the New World Garden: The Central Myth in the American Novel Since* 1830. New York: Braziller, 1968. The author describes the myth of the millennium to be realized in the newly discovered North American continent is presented as the central focus of American culture. This myth finds a diversity of expression in the various writers who have dominated the literary scene in America through the years.

Norberg-Hodge, Helena. *Ancient Futures: Learning from Ladakh*.

San Francisco: Sierra Club Books, 1992. A remarkable work by a remarkable person, who is one of the few accomplished Western scholars of the Ladakh language. Because the Ladakh culture was relatively uninfluenced by modern Western culture until recently, the author has experienced the sustainable culture of this independent people in the severe climate of their original life situation. She suggests ways to maintain the culture and points toward ways that industrialized societies might learn from Ladakh.

Novak, Michael. *Toward a Theology of the Corporation: American Enterprise Institute*, 1990. New York: Penguin Books, 1986. This author presents a view of utmost praise for the modern corporation. He endows the modern corporation with a kind of sacred aura.

Ohmae Kenichi. *The End of the Nation-State: The Rise of Regional Economics*. New York: The Free Press, 1995. A clearly written description of the transition from nation-based economies to the new global economy with its consequent disruption of the earlier nation-based economies. An excellent presentation of the dissolution of the nation-state as the primary ordering principle in the public life of Western society.

Orr, David F. *Ecological Literacy: Education and the Transition to a Postmodern World*. Albany, NY: State University of

New York Press, 1992. Orr's basic thesis is that education is central to creating a viable future for both the human community and for the natural life-systems of the Earth. He offers guidance in designing an educational program that will prepare students for their role in shaping a truly integral Earth community.

Osborn, Fairfield. *Our Plundered Planet*. Boston: Little, Brown, 1948. One of the first surveys of the planetary devastation taking place through the plundering process of the industrial world. In 1953 Osborn wrote another work, *Limits of Our Earth*.

Peck, Robert M. *Land of the Eagle: A Natural History of North America*. New York: Summit Books, 1990. The quotations from Captain John Smith are taken from *The Generall Historie of Virginia, New England and the Summer Isles*, fac. ed. Glasgow: University of Glasgow Press; London: Macmillan and Co., 1907, pp. 44 – 47. Robert Peck's book is a reliable general natural history of the continent, its geological formation, its wildlife, and its European settlement.

Ponting, Clive. *A Green History of the World: The Environment and the Collapse of Great Civilizations*. New York: Penguin Books, 1991. A comprehensive series of studies on the course of human affairs in relation to the natural world from earliest times to the present. There is both a fullness and a conciseness in the data, a clarity in the presentation, and a comprehensive range in the thinking that makes this book fascinating to read.

Prucha, Francis Paul, ed. *Americanizing the American Indian: Writings by the "Friends of the Indians" 1880 – 1900*. Cambridge: Harvard University Press, 1973. A valuable record of the awkward, humiliating, and often cruel efforts made toward the end of the nineteenth century to absorb the indigenous peoples of this continent into the intellectual, cultural, and religious orientation of European settlers.

Redfern, Ron. *The Making of a Continent*. New York: Times Books, 1983. A detailed, geological-based presentation of the shaping of the North American continent, in a large-book format, with photographs. The various parts of the continent are related to the formation of the North American tectonic plate, one of the complex of Continental plates that took shape with the breakup of the original Pangaea some 200 million years ago.

Register, Richard. *Ecocity Berkeley: Building Cities for a Healthy Future*. Berkeley: North Atlantic Books, 1987. A study of the city of Berkeley and how it might be periodically redesigned in its various areas over a period of a hundred years so that the original streams would be brought above ground, woodlands would be replanted, and wildlife reintroduced. People would live closer to their work. They would mostly walk or bicycle wherever they needed to go. The automobile would be extensively eliminated. Waste would largely be purified locally. With all these alterations the population could be maintained at its present level.

Reisner, Marc. *Cadillac Desert: The American West and Its Disappearing Water*. New York: Penguin Books, 1986. Study (also made into a film) of government-financed projects for damming the great rivers of the West. The story is told with all of its intrigue and with an understanding of both the natural life-systems of the West and the human communities that support these engineering projects.

Rolston, Holmes. *Environmental Ethics: Duties to and Values in the Natural World*. Philadelphia: Temple University Press, 1988. A comprehensive treatment of the subject of environmental ethics with an emphasis on the intrinsic value of nature.

Roszak, Theodore. *The Voice of the Earth: An Explanation of Ecopsychology*. New York: Simon and Schuster, 1992. An astute commentator on contemporary affairs, Roszak defines an emerging field of ecopsychology with a profound insight into the integral relatedness of the human with the natural world.

Ruether, Rosemary Radford. *Gaia and God: An Ecofeminist Theology of Earth Healing*. San Francisco: Harper San Francisco,

1992. One of the leading feminist theologians details the potential resources in the Jewish-Christian traditions for an ecofeminist understanding of the planet and its human presence.

Ryley, Nancy. *The Forsaken Garden: Four Conversations on the Deep Meaning of Environmental Illness.* Wheaton, Illinois: Quest Books, 1998. After enduring environmental illness for many years, Nancy Ryley has written an account of her experience and her quest for understanding of the deeper sources of it in the disruption we are causing in the integral functioning of the Earth. This book is an account of the conversations she had with Laurens van der Post, Marion Woodman, Ross Woodman, and Thomas Berry on this subject.

Sale, Kirkpatrick. *Dwellers in the Land: The Bioregional Vision.* San Francisco: Sierra Club Books, 1985. This author is deeply committed to a future dependent on the intimacy of the local community with the surrounding natural setting. He sees the destructive consequences inherent in the industrial way of life.

Schmidheny, Stephan. *Changing Course.* Cambridge: MIT Press, 1992. The author has been one of the leading figures in establishing corporation control of the global economy through the World Business Council for Sustainable Development. This council, in alliance with the World Trade Organization and other world organizations, presents itself as interested in securing an integral mode of human presence to the Earth by "changing course," as it were. The difficulty is in the inherent exploitative nature of the corporations' activities.

Schumacher, E. F. *Small Is Beautiful: Economics as if People Mattered*. New York: HarperCollins, 1989. Originally published, 1973. A gracious yet powerful presentation of the need to observe a sense of scale in every phase of human life but especially in economics. Schumacher had extensive experience in planned national economies while he was in charge of the British Coal Board economy after World War Ⅱ. He saw the danger of globalization that would neglect the local community on which all things human needed to be based.

Simon, Julian L. *The Ultimate Resource*. Princeton, NJ: Princeton University Press, 1981. Julian Simon is the most radical of those who see environmentalists as enemies of all reasonable thinking. He sees no population problem, no pollution problem, no resource problem that is not being fully resolved in the ordinary processes of contemporary science and economics. He feels all aspects of life and environment are constantly improving and that environmentalists are simply doomsayers in the midst of ever-increasing abundance.

Smart, Bruce, ed. *Beyond Compliance: A New Industry View of the Environment*. Washington, D. C.: World Resources Institute,

1992. An effort by the industrial world to defend itself against the accusation that industry is indifferent to the pollution of the environment that it is causing. Supplies an extensive listing of the larger and more polluting industries and the efforts they are making to diminish the deleterious consequences of their activities.

Smith, Page. *The Rise of Industrial America: A People's History of the Post-Reconstruction Era*. Vol. 6. New York: Penguin Books, 1984. A fascinating description by a master historian of the transition of America from the agricultural society of the pre-Civil War years to the industrial-technological urban society under control of modern corporations that developed in the three last decades of the nineteenth century.

Snyder, Gary. *The Practice of the Wild: Essays*. San Francisco: North Point Press, 1990. Some of the best essays by one of America's finest nature writers and poets. Snyder has established himself as someone with insight such as few attain into wildness as the deep reality of all authentic existence.

Spengler, Oswald. *The Decline of the West*. 2 vols. New York: Knopf, 1926. This book, written by Spengler before the beginning of the World War Ⅰ but revised and published in the years after the war, collapsed much of the optimism concerning the future course of human affairs generated by the Enlightenment Age of seventeenth through nineteenth centuries.

Spretnak, Charlene. *The Resurgence of the Real*. Reading, MA: Addison Wesley, 1997. A critique of the modern world with its reduction of living processes to mechanism, its suppression of the local and the intimate in favor of the general and the standardized, its sanitized and sterilizing medicine that neglects the self-strengthening and healing forces of the body. The spontaneous creative powers of nature are being rediscovered. The author has presented all this with a rare clarity and grace of expression in her writing.

Spurr, Stephen H. *American Forest Policy in Development*. Seattle: University of Washington Press, 1976. A rather prosaic, official account of the attitude of the government agency toward the forests of the country. As might be expected, the crass attitude manifested toward the forest is based on the sense of the natural world as simply so much resource, so much commodity to be managed, bought, and sold like any other commercial item.

Steingraber, Sandra. *Living Downstream: An Ecologist Looks at Cancer and the Environment*. Reading, MA: Addison Wesley, A Merloyd Lawrence Book, 1997. A remarkable personal story of investigation into the chemical pollution of the environment by a scientist. Presents overwhelming evidence for the cancer-causing chemical pollution of the air, water, and soil.

Stone, Christopher D. *Should Trees Have Standing?* Los Altos, CA: W. Kaufmann, 1974. A brief study arguing for the rights of natural modes of being. Stone was supported in his position by Associate Justice of the Supreme Court William O. Douglas, who has also written on the subject.

Strickland, William. *Journal of a Tour of the United States of America* 1794 – 1795. Edited by Rev. J. E. Strickland, 1971. The New York Historical Society. Library of Congress Catalog Card Number: 75 – 165767. Precise observations concerning the settlers of the upper Hudson River Valley and their treatment of the land in the late eighteenth century.

Swimme, Brian. *The Hidden Heart of the Cosmos. Humanity and the New Story*. Maryknoll, NY: Orbis Press, 1996. In the depth and comprehensive range of his insight, in the literary quality of his writing, in the precision of his language, the author is unsurpassed in his presentation of the discoveries of contemporary science concerning the origin, structure, and functioning of the universe. He suggests ways in which we can relate to that all-nourishing abyss from which the universe is constantly coming into being.

——. *The Universe Is a Green Dragon*. Santa Fe, NM: Bear and Co., 1985. A fascinating series of discussions on how we understand the universe, and our place and function in it.

Swimme, Brian, and Thomas Berry. *The Universe Story: From the Primordial Flaring Forth to the Ecozoic Era: A Celebration of the Unfolding of the Cosmos*. San Francisco: Harper San Francisco, 1994. Perhaps the first presentation of the evolutionary process narrated in story form. Based on the authentic scientific data of a scientist committed to the study of the large-scale structure of the universe in association with a historian of cultures.

Sykes, Sir Percy. *A History of Exploration: From Earliest Times to the Present Day*. London: Routledge and Kegan Paul, 1949. 3d ed. A comprehensive survey of the manner in which the different peoples of Earth, after dividing from each other from earliest times and shaping themselves in diverse cultural modes of expression, have been discovering one another throughout historical time.

Tarbell, Ida M. *The History of the Standard Oil Company*. Revised edition edited by David M. Chalmers. New York: W. W. Norton, 1969. Originally published in 1904. The story of the corporation that, in some sense, began the modern economic-industrial world with all its ruthless power and effort to crush any competition. Originally published by *McClure's*, the most prominent journal of the period, between 1902 and 1904.

Tattersall, Ian. *Becoming Human: Evolution and Human Uniqueness*. New York: Harcourt Brace, 1998. The human story told from the Cro-Magnon period, with special emphasis on our capacity for thought, language, and symbolic activities. Of particular interest are the sections dealing with the distinctive nature of humans in relation to other animal forms.

The Tarrytown Letter. Tarrytown, NY: Published by the Tarrytown Group since 1981. Self-described as a "Forum of New Ideas," it seeks to assist business executives in carrying out their managerial functions in the ever-changing circumstances of the contemporary world.

Taylor, Bron Raymond, ed. *Ecological Resistance Movements*. Albany, NY: State University of New York Press, 1995. A study of ecological-based resistance movements throughout America, Europe, Asia, Africa, and South America.

Teilhard de Chardin, Pierre. *The Phenomenon of Man*. New York: Harper and Row, 1959. One of the earliest and most significant studies of the evolution of the universe and its culmination in the spiritual world of the human. Of special significance for its religious-theological implications. A new translation has been completed by Sarah Appleton-Weber. Brighton, Sussex, UK: Sussex Academic Press, 1999.

Templeton, John. *Is Progress Speeding Up?: Our Multiplying Multitudes of Blessings*. Philadelphia: Templeton Foundation Press, 1997. An extreme presentation of the benefits of the modern industrial world and its supposed advantages, with apparently no concern for the devastation of the natural world that is taking place and the limited prospects for the long range future. Author is apparently a devoted disciple of Julian Simon's glowing vision of the future that will emerge out of our present scientific, technological, industrial way of life.

Toqueville, Alexis de. *Democracy in America*. Translation by George Lawrence. New York: Doubleday Anchor Books, 1969. (Original edition 1835 – 1840.) Considered by some competent persons as possibly the best book ever written as an interpretation of the American venture and the formation of American culture.

Toulmin, Stephen. *The Return to Cosmology: Postmodern Science and the Theology of Nature*. Berkeley: University of California Press, 1982. A survey of the status of the field of cosmology toward the end of the twentieth century based on a series of brief studies of individual cosmological thinkers in that period.

Tucker, Mary Evelyn, and John Berthrong, eds. *Confucianism and Ecology: The Interrelation of Heaven, Earth and Humans*. Cambridge: Center for the Study of World Religions and Harvard University Press, 1998. This is the first collection of essays to be published on this topic. It documents the remarkable sensitivities toward the natural world evident in Confucian thought through means of self-cultivation, ritual practice, social orientation, and political theory.

Tucker, Mary Evelyn, and John Grim, eds. *Worldviews and Ecology*. Maryknoll, NY: Orbis Books, 1994. Different worldviews have shaped the various civilizations and are still powerful determining forces throughout the human community. This collection of studies brings these traditions more directly into an awareness that each arose in the beginning by its intimate relation with the natural world and that each has a role to play in the future of the human project.

Tucker, Mary Evelyn, and Duncan Williams, eds. *Buddhism and Ecology: The Interconnection of Dharma and Deeds*. Cambridge: Center for the Study of World Religions and Harvard University Press, 1997. A major contribution to our understanding of the role of Buddhist thought in understanding the interrelated nature of the universe. The essays draw on both Buddhist theory and practice to suggest ways to live in greater harmony with nature.

Turnbull, Colin M. *The Forest People*. New York: Simon and Schuster, 1961. An account of one of the pygmy people of West Africa, in their relation to the forest. Their intimacy with the forest as a personal numinous presence has a power and unique quality that is found with indigenous peoples but tends to be lost in urban settings.

Turner, Frederick, J. *Beyond Geography: The Western Spirit Against the Wilderness*. New Brunswick, NJ: Rutgers University Press, 1992. An extensive presentation of the deep suspicion toward the natural world as seducer of human spiritual qualities throughout the course of Western civilization. Although the thesis proposed is widely valid and deserves presentation, the author fails to indicate the intimate appreciation of the natural world manifested up through the medieval period. This appreciation we find especially in persons such as Hildegard of Bingen in the twelfth century, also by Saint Bonaventure in the thirteenth century.

Van den Bergh, Jeroen C. J. M., et al., eds. *Toward Sustainable Development: Concepts, Methods, and Policy*. Covelo, CA: Island Press, 1994. An effort to bring the ecological study of economics into scientific form. Among the concepts offered is that of "natural modes of being" as "capital" in the economic sense. Also the phrase "sustainable development" as a term comes under intensive scrutiny. These papers were delivered at a workshop held at Stockholm University in 1992 under the auspices of the International Society for Ecological Economics.

van der Post, Sir Laurens. *A Far-Off Place*. New York: Harcourt Brace, 1974. A writer with a depth of insight into twentieth-century cultural developments in Africa and the European-American worlds. As a child he grew up in intimate contact with the Bushmen of South Africa. This background enables him to write with a special feeling for our human presence in the natural world and provides special insight into the world of the Bushmen as they were passing from their earlier tribal culture into the European-American civilization.

Weatherford, Jack. *Indian Givers: How the Indians of the Americas Transformed the World*. New York: Ballantine, 1988. A significant reorientation of our view of the place of the indigenous peoples of the Americas in the larger course of human history. The original inhabitants here have been immensely more significant in the history of the modern world than we have ever understood or appreciated. Outlined here are the contributions to economic development of the European empires from this continent's gold and silver; to medicine, through quinine and cocaine; to the food supply of the world; and to spiritual traditions.

Weisman, Alan. Gaviotas: *A Village to Reinvent the World*. White River Junction, VT: Chelsea Green Publishing, 1998. A detailed narrative of a village situated on the arid plains of Colombia, South America, that with a visionary leader competent in contemporary technologies and ancient cultivation gave new life to itself, and even set up conditions that enabled the tropical forest to reestablish itself.

Wilshire, Bruce. *The Moral Collapse of the University*. Albany, NY: State University of New York Press, 1990. A superb explanation of what has happened to the contemporary university and why it no longer communicates to its students a world of meaning. This loss of larger context of meaning in our highest levels of intellectual development leaves our society destitute of those real values that human life should have.

Wilson, E. O. *Biophilia*. Cambridge: Harvard University Press, 1984. An absorbing description of the manner in which living beings are attracted to each other, told by a biologist of unique gifts, as a scientist and as a writer with something akin to poetic expression in some of his essays.

——. *Consilience: The Unity of Knowledge*. New York: Alfred A. Knopf, 1998. A distinguished biologist and strong proponent of empiricism, Wilson expresses his thoughts on the unity of knowledge. Although it has all the inherent inadequacies of empiricism, this work belongs among the more significant writings of modern scientists in their effort to explain themselves and their work in the larger perspective of human understanding.

Wilson, E. O., ed. *Biodiversity*. Washington, D. C.: National Academy Press, 1988. A collection of over fifty essays by extremely competent scientists concerning the manner in which the life-systems of the planet function, indicating the damage already done and the future consequences of ignoring the basic pattern of interdependent life-forms. These essays are evidence enough that we know how humans should relate to the life-systems of the planet, even though we will always be limited in our insight.

World Commission on Environment and Development. *Our Common Future*. New York: Oxford University Press, 1987. The commission, under chairperson Gro Harlem Brundtland, was authorized by the United Nations to inquire into the problems associated with the deleterious consequences of the industrial process as it is extended throughout the human community. This is the report. It was followed by the United Nations Conference on Environment and Development held in Rio de Janeiro in 1992.

World Conservation Union. *Caring for the Earth: A Strategy for Sustainable Living*. Gland, Switzerland: World Wildlife Fund, 1991. A study sponsored by the United Nations Environmental Program, the World Conservation Union, and the World Wide Fund for Nature, it articulates the principles and conditions for sustainable living, the special needs for various human situations, with indications of the manner in which the strategy can be carried out. In the precision of its proposals, and the design for their fulfillment by the community of nations, this document is one of the most significant to come from these official sources.

Worster, Donald. *Nature's Economy: A History of Ecological Ideas*. 2d ed. Cambridge: Cambridge University Press, 1994. The basic work dealing with the origins and development of the study of ecology. Our understanding of the natural world and the human role within the natural world had a new beginning with the scientific discoveries of the seventeenth century and our progressive understanding of the universe and the planet Earth as an evolutionary process.

——. *Rivers of Empire: Water, Aridity, and the Growth of the American West*. New York: Pantheon Books, 1985. A study of the development of the western regions of the North American continent by a people indifferent to the ecological structure and functioning of the region, which had the result of terrible consequences to the land and its ecosystems.

Wub-e-ke-niew. *We Have the Right to Exist: A Translation of Aboriginal Indigenous Thought. The First Book Ever Published from an Ahnishinahbæó'jibway Perspective*. New York: Black Thistle Press, 1995. One of the most authentic and complete responses from the indigenous peoples of North America to the intrusion and devastation of their culture by the incoming peoples and cultures of the European world. The Euro-Americans still cannot quite appreciate just how unjust and oppressive their occupation of the continent has been and remains, even in the present.

Yergin, Daniel. *The Prize: The Epic Quest for Oil, Money, and Power*. New York: Simon and Schuster, 1991. A monumental narrative of over 800 pages of the beginning and development of the petroleum industry and its influence on both the economic and political spheres of the human community.